DALIAN INTERNATIONAL CONFERENCE CENTER

大连国际会议中心

C+Z 建筑师工作室　主编

辽宁科学技术出版社
·沈阳·

图书在版编目（CIP）数据

大连国际会议中心 /C+Z建筑师工作室主编. 一沈阳 ：
辽宁科学技术出版社, 2014.2
ISBN 978-7-5381-8483-9

Ⅰ.①大… Ⅱ.①C… Ⅲ.①建筑设计－作品集－中
国－现代 Ⅳ.①TU206

中国版本图书馆CIP数据核字(2014)第026056号

策 划：《 城 市 · 环 境 · 设 计 》（ UED ）杂志社

出版发行：辽宁科学技术出版社
　　　　　（ 地址： 沈阳市和平区十一纬路 29 号 邮编： 110003 ）
印 刷 者：北京雅昌彩色印刷有限公司
幅面尺寸：250 mm × 250 mm
印 张：19 $\frac{2}{3}$
插 页：4
字 数：35 千字
出版时间：2014 年 2 月第 1 版
印刷时间：2014 年 2 月第 1 次印刷
责任编辑：蒋 艺
封面设计：马天时
版式设计：马天时
责任校对：王玉宝

书 号：ISBN 978- 7-5381-8483-9
定 价：298.00 元

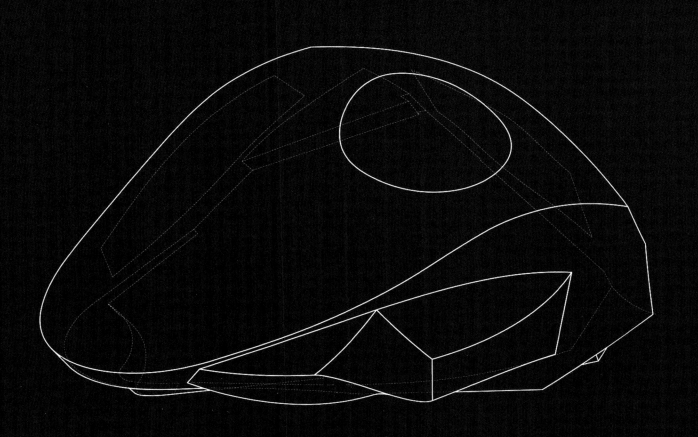

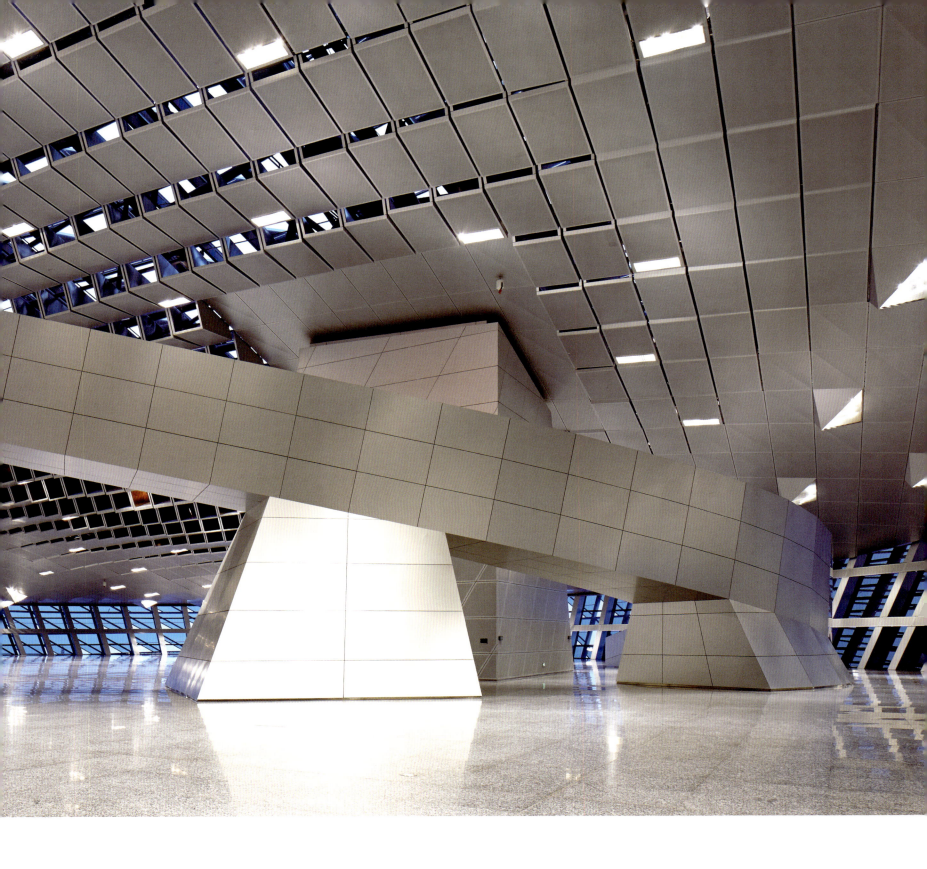

When we speak about architecture nowadays we usually just talk about the visible building - similar to the tip of an iceberg - and we forget the invisible architecture, namely what is taking us to this tip. The discussion about exactly this invisible architecture is missing much too often, which is why edifices usually just remain buildings. Buildings only become architecture when the design touches at least one of the meta-levels.

Radical architecture doesn't just mean drawing radically, thinking radically or using radical computer programs - instead architecture only becomes radical when it is implemented and executed radically.

The Dalian International Conference Center, a conference center for the World Economic Forum with a transformable opera in its center is such an example. The conference rooms are grouped around this cultural core like a pearl choker. The three-dimensional layering, combined with bridges and ramps creates a structure that resembles a small city. This results in another formative aspect: The skin, or the facade, visibly reflects the conference rooms - in other words, the interior stretches the skin of the exterior. This makes the facade come alive, which is further reinforced by climate considerations and optimizations. The sometimes very strong wind in Dalian made it possible to design this special climate facade.

Bringing this design into reality in such a short amount of time requires intelligent and dynamic tools, as well as teamwork and cooperation of all the involved partners. Moreover, it takes enthusiasm, curiosity and the will for experiencing unknown ground and open fields.

My appreciation goes to all the people who worked on this project, put their knowledge together for finding solutions and made it possible to bring this vision into reality.

Thank you.

Wolf D. Prix

今天我们提及建筑，谈论更多的是有形的建筑物，这有点像"冰山一角"中的"冰山"。我们通常会遗忘那些"未见的建筑"，我谓之为"一角"。关于"未见的建筑"的讨论屈指可数，这正是高楼大厦只能被称为建筑物的原因。当设计触及至这一层级时，建筑物才能称为建筑。

　　激进的建筑不仅仅意味着绘图方式、思维方式和所使用计算机软件方面的改变；实施和执行过程的彻底变革才是激进建筑的真谛。

　　作为达沃斯世界经济论坛的举办地之一的大连国际会议中心是建筑设计变革的经典实例之一。会议中心的中央位置有一个可变形的剧院，所有的会议室都聚集在这一中央核心周围，仿佛一串珍珠项链。三维立体的层次设计与桥梁、坡道相结合，使建筑结构如同一座小型城市。它对建筑形态的影响还体现在另一方面：建筑表皮或建筑外立面清晰地反映出会议室空间。换言之，室内空间拉伸了建筑外观，这使得建筑外立面栩栩如生，气候考量和优化设计更为其锦上添花。大连偶尔会遭遇强风天气，这为设计特殊的气候外立面创造了可能性。

　　在如此短的时间内将设计变为现实需要智能和动态工具的辅助，因此团队精神和所有相关合作伙伴间的协同合作至关重要。此外，工作热情、好奇心和探索未知事物及开放领域的决心也是不可或缺的因素。

　　衷心感谢所有参与到该项目中的工作人员，他们为探寻解决方案贡献了自己的聪明才智，将这美好的愿景变为现实。

　　谢谢。

沃尔夫·德·普瑞克斯

序 | Preface

　　蓝天组的名字第一次在脑海中出现是在 1988 年左右，菲利普·约翰逊与彼得·埃森曼策划了曾经轰动全球建筑界的解构主义展，普瑞克斯这位杰出的建筑师从此被世人所知。在 20 世纪 80 年代末我曾去哥伦比亚大学听了他一次讲座，印象非常深，其一是其演讲才能；其二是其独特的建筑形式语言与当时美国东海岸建筑文化形成的鲜明对比——清新、飘逸、充满力量。

　　有趣的是，20 年后普瑞克斯在赢得大连国际会议中心竞赛后，希望在大连理工大学做一次学术演讲，受到学院师生的热烈欢迎，从此之后与其有一些接触；他来天津大学讲过学，在 2010 年威尼斯双年展上我们曾不期而遇。在北京的一次参数化会议上，我曾主持过他参与的建筑沙龙。普瑞克斯是一位很有个性的建筑师，像一位武林大侠，天马行空，在某种意义上他更像一位"放荡不羁"的艺术家。

　　在大连理工大学历届毕业生中，能活跃在当代建筑舞台上的青年建筑师为数并不多，崔岩是杰出的代表之一。在坚守建筑实践前沿的同时，能准确地领悟与把握当代建筑思潮，不断更新自身的学术视野，以开放的姿态去对待建筑实践并以执着的精神去求解设计过程中出现的难题。

　　大连国际会议中心设计团队的组建使得普瑞克斯团队与崔岩团队走到一起，应该是一种缘分，在长达五年的设计与建造过程中进行了深度的合作，其间经历过成功的喜悦。不同文化背景的碰撞，关于共同问题的应对。无论如何双方在这样的磨合过程中均有所收获，并为了共同目标进行了艰辛的付出。最终的作品也许会有一些遗憾，但最终成果是令人满意的。在一次从天津飞往大连的途中鸟瞰"会议中心"，类似于某种海洋生物形态的建筑体在深蓝的海洋与阳光明媚的海滩衬托下极具震撼力。

蓝天组始建于 1968 年，普瑞克斯并不满足于其所处时代建筑的现状，从一开始便以非传统的方式从事建筑实践，他试图以建筑的物质形态从概念上去对抗地心引力，他喜欢蓝天中的云彩与无形的风，追求用建筑的形式与空间去体现建筑的动态，去捕捉自然界无形的力量并以可见的形态呈现于世。他与弗兰克·盖里、扎哈·哈迪德一样以艺术家的视野从事建筑创作，幸运的是信息时代的数字技术与数控建造成就了他的梦想，并使其创作得以从小尺度住宅向巨尺度建筑顺利过渡。在大连国际会议中心设计与建造过程中，他亦很幸运地遇上了崔岩工作团队，崔岩是一位很理性的建筑师，一方面很尊重普瑞克斯的设计原创，另一方面又以严谨的风格去对待项目设计的深化与建造过程，并在复杂的设计生成过程中进行各工种设计团队协调，在这样一个自由形体与各种不规则组件的施工过程中进行跨行业合作，如运用三维立体定位施工方法、造船厂焊接技术等。蓝天组的梦想与崔岩工作组的务实奠定了作品成功的基础。大连国际会议中心现已正式使用，普瑞克斯这位"大侠"也不知归隐到哪里进行"闭关"，而对于崔岩工作团队却是新的开始。这次合作对大连建筑设计研究院来说是一件很有意义的经历，会促进很多事件的深度思考。在中国建筑业不断深化发展的过程中，国际间同行的深度合作对设计、建造的深度反思与不断探索将会成为未来世界建筑发展的主旋律。

　　大连这座我曾经工作过的滨海城市，在记忆中渐渐地远去，时而朦胧，时而清晰，然而这座城市中的杰出人物与重要事件在记忆中却是永恒的。

孔宇航

2013 年 12 月 13 日于梅江

Contents 目录

Review 导读

蓝天组
COOP HIMMELB(L)AU
Wolf D. Prix & Partner ZT GmbH

蓝天组（COOP HIMMELB(L)AU）1968 年由沃尔夫·德·普瑞克斯（1942 年生于维也纳）和海默特·斯维茨斯基（1944 年出生于波兰）在奥地利维也纳设立。其激进的、实验性的探索手法自 MOMA 的展览会以后，开始被称为解构主义。在现代建筑领域，蓝天组可谓解构主义急先锋。虽然当今解构主义建筑已为世人所熟知，但能完全体现这一称谓的作品却是凤毛麟角。

COOP HIMMELB(L)AU was established by Wolf D. Prix (born in 1942, Vienna) and Helmut Swiczinsky (born in 1944, Poland) in Vienna, Austria in 1968. Their radical and experimental exploration technique has been called "Deconstruction" ever since their exhibition in MOMA. In the modern architecture field, COOP HIMMELB(L)AU can be described as the vanguard of deconstruction. However, familiar though the deconstruction architecture is to the audience worldwide, but none of them can fully reflect, represent or match the title.

大连国际会议中心

大连国际会议中心坐落在有着"钻石港湾"之称的东港商务区、CBD 核心区。其交通便利、周边服务配套完善，规划区域内五星、超五星级酒店 10 余家，是夏季达沃斯会议中国区主会场。项目占地 4.3hm²，总建筑面积 14.68 万 m²，高 59m，由大连市政府投资兴建，保利商业酒店管理有限公司运营管理。是集会议、展览、餐饮功能于一体的综合会议场馆。该建筑设计恢宏大气，外观独具个性，其设计施工难度已超过"鸟巢"和"水立方"，堪称世界之最，成为大连又一标志性建筑。

Dalian International Conference Center

Dalian International Conference Center is located at Donggang Business District, which is renowned as "Diamond Harbor" in the CBD area. Being the main venue for China during the Summer Davos meeting, it boasts convenient transportation and improved infrastructural facilities with more than 10 five-star and super five-star hotels within the planning area. The project covers an area of 4.3 hectares with an overall building area of 146,800 square meters and a height of 59 meters. It is a conference complex with multiple functions such as meeting, exhibition and dinning, which was invested by Dalian municipal government and under the management of Poly Business Hotel Management co., LTD. With the splendid and grand architectural design as well as its distinguished facade, its construction difficulty exceeded that of the ' Bird's Nest ' and ' Water Cube ' and it becomes another landmark in Dalian.

C+Z

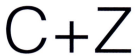

C+Z 建筑师工作室是大连市建筑设计研究院集团公司专业平台上的方案设计团队。由地域知名建筑师崔岩、赵涛领衔，与 10 多名有共同目标理念的职业建筑师组成。多年灵活严谨的设计风格及成功的设计案例，使 C+Z 建筑师工作室实力迅速提高，逐步成为地域建筑方案设计领域中一支令人瞩目的设计力量。

C + Z Architect Studio is a team that is in charge of project design within Dalian Architectural Design and Research Institute Co., LTD. Led by the well-known local architects Cui Yan and Zhao Tao, it is made up of more than 10 professional architects sharing common goals and conceptions. C + Z Architect Studio has grown rapidly into a remarkable and capable design practice that is worth noticing in the regional architectural project design field through years-long persistence in flexible and rigorous design as well as various successful design cases.

大连东港商务区

大连东港商务区坐落在大连市主城区东部，规划用地面积 597hm²，其中现有陆地面积 278hm²，填海造地面积 319hm²。东港新区在保留原客运港口的基础上，其功能被重新定位为集商务金融、会议展览、总部经济、休闲娱乐、时尚社区于一体的国际航运中心综合商务区。

Dalian Donggang Business District is located at the east of Dalian with a planned land area of 597 hectares, of which the existing land area is 278 hectares and the reclamation area is 319 hectares. On the basis of retaining its original passenger ports, Donggang District is redefined as an international shipping center and comprehensive business district which integrates functions of business finance, conference and exhibition, headquarters economy, leisure and entertainment as well as fashion clubs all in one.

解构主义

解构主义流派反对结构主义，解构主义认为结构没有中心，结构也不是固定不变的，结构由一系列的差别组成。由于差别在变化，结构也跟随着变化，所以结构是不稳定和开放的。因此解构主义又被称为后结构主义。解构主义认为文本没有固定的意义，作品终极不变的意义是不存在的。

Deconstruction goes against structuralism. It claims that instead of having a center or being stable or fixed, the structure consists of a series of different components. As the differences are ever changing, so are the structures, therefore the structure is unstable and open. Thus deconstruction is also called post-structuralism, believing that there is no such a thing with a fixed meaning. The permanent and unchangeable meaning of a project just does not exist.

1

设计的颠覆
The Subversion of Design

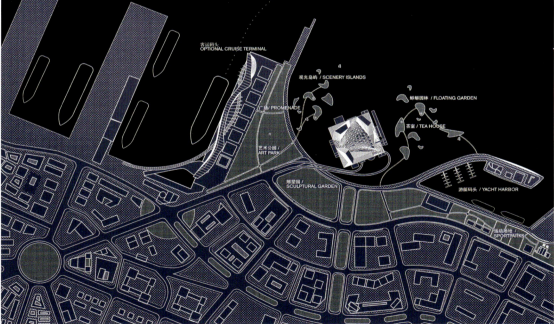

蓝天组投标方案（蓝天组提供 /© COOP HIMMELB(L)AU）

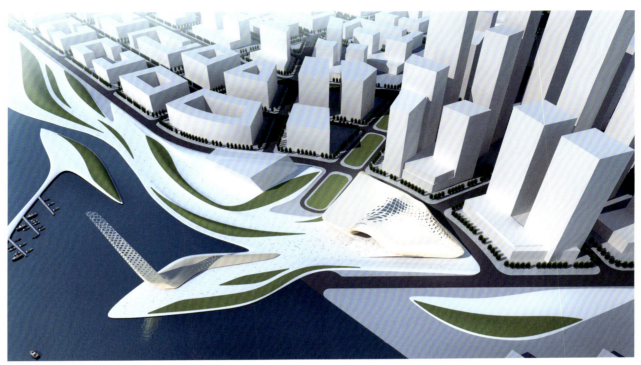

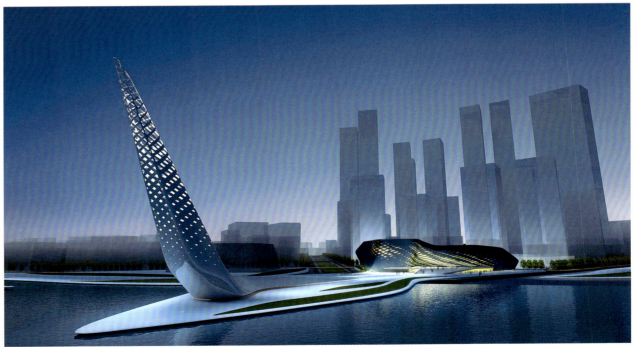

扎哈·哈迪德投标方案

20080808

文／崔岩

　　2008 年北京奥运那年，C+Z 建筑师工作室主持建筑师崔岩 40 岁，刚获得第七届中国青年建筑师奖，但感觉自己和团队的创作又走到一个新的瓶颈，这一年也是工作室创作成长经历中注定不平常的一年。

　　当时感到工作室进步有放缓的趋势，每天似乎都在重复着过去的经验，仅仅是更加熟练、更加精细而已，缺乏创新的动力和科学方法，总畅想着是不是应该试一试跟国外真正一流事务所合作，看看人家是怎么做的，找出我们的差距，吸收人家一些很鲜明的东西。兴许就是机缘的巧合，在 2008 年大连国际会议中心的项目设计招标中，C+Z 建筑师工作室和奥地利蓝天组走到了一起，项目初步设计及施工图设计中标后，第一次与蓝天组建筑师相互见面的日期正是 2008 年 8 月 8 日，当时他们用德语与我们交流，至今我们仍记得翻译转达他们想控制一下交流的时间，希望倒好时差，晚间能有精力观看北京奥运会开幕式，从那一天起 C+Z 建筑师工作室与奥地利蓝天组建筑师开始了全方位工作对接，彼此共同携手经历了四年的合作设计，今天回想真是偶然之中的必然——缘遇！

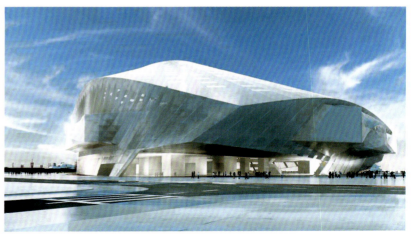
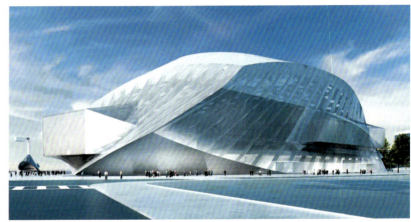
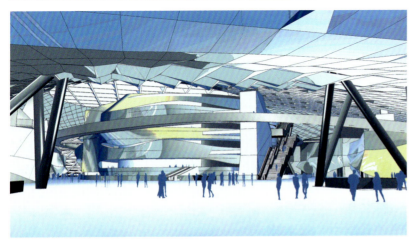
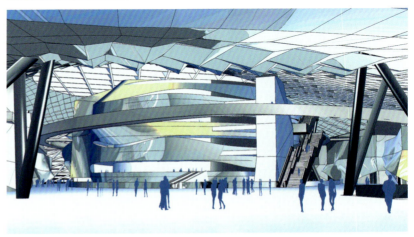

（蓝天组提供 / © COOP HIMMELB(L)AU）

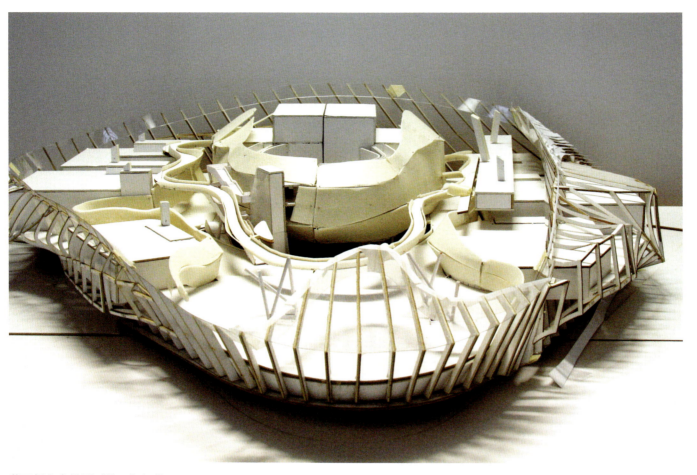

蓝天组方案模型（蓝天组提供 /© COOP HIMMELB(L)AU）

剖面模型（蓝天组提供 /© MARKUS PILLHOFER）　　　　剖面模型（蓝天组提供 /© MARKUS PILLHOFER）

剖面模型（蓝天组提供 /© MARKUS PILLHOFER）　歌剧院室内渲染图（蓝天组提供 /© COOP HIMMELB(L)AU）

城市中的建筑·建筑中的城市

文／崔岩

背景：

　　大连位于辽东半岛的最南端，是中国北方重要的港口，工业、商贸和旅游中心。目前，这个城市正经历着沿滨海地带搬迁、再开发和兴建的变革，在未来的十年里，这将完全改变城市的格局。在以往的日据殖民时期，大连海岸沿线遍布仓库和工厂，以便殖民者尽可能地掠夺和运输资源，由于过去殖民历史对城市格局带来的影响，大连市民历史上长时期都难以尽情享受海洋带来的乐趣。现在，大连市政府正一点点地搬迁海岸线周围的工厂，还大海予市民，同时为城市发展描绘新的蓝图。这里离城市核心区很近，原来是老海港码头和仓储区域，政府将先前的仓库迁走，在原址上填海造地又增加了 $4km^2$ 土地面积。未来，这里将被建设成大连新的金融和商务中心，代表大连打破以往禁锢的海岸线，真正走向开放的城市空间；而大连国际会议中心，正是东部港区开发启动的首批项目之一。大连市政府希望在这片城市未来发展地段的主轴线末端，创造一个特别的地标。最终，大连国际会议中心承担了这一角色，它既是大连今后举办夏季达沃斯会议的场所，又肩负了展示大连现代国际都市形象的责任。作为城市的标志性建筑，其地理坐标位于人民路与东港区的交汇处，是东部新区未来轴线的起点，也是城市历史轴线人民路的端点，它是历史与未来、城市与海的交汇点，静静地诠释这座城市的气质与魅力。

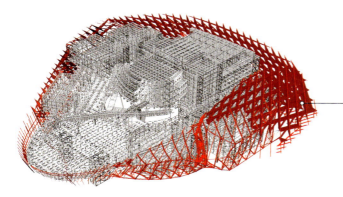

FACADE: SPATIAL TWISTED STEEL FRAMEWORK
可承受荷载的建筑立面

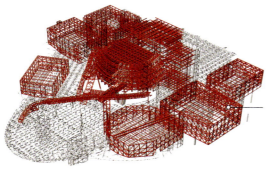

MAIN AUDITORIUM /CONFERENCE BOXES: SPATIAL STEEL STRUCTURE
钢结构会议厅

TABLE: SPATIAL STEEL FRAMEWORK
钢结构平台

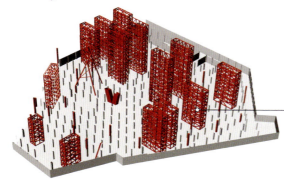

CORES AND COLUMNS: VERTICAL STEEL CONCRETE BOND
混凝土核心筒

MEETING ROOMS 会议室

CONFERENCE OPERA 会议厅歌剧院

TRANSITION ZONES 过渡转换地带

CIRCULATION'FOYER 交通转换门厅

CHILLOUT SPACES 气温较凉爽的空间

GARDEN ISLANDS 岛屿花园

GARDEN VIP 贵宾花园
（PRIVATE 秘密的）

CITY INTERCHANGE 城市汇合枢纽
1 SEMI PUBUC 半公共 1

CULTURE SPACE 文化空间
（PUBUC 公共的）

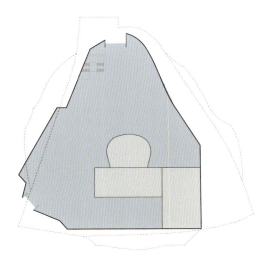

Level ± 0.00

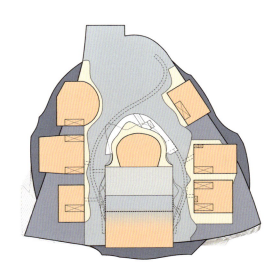

Level +15.30

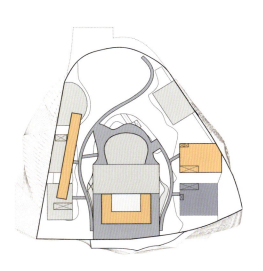

Level +28.50

（蓝天组局部提供 /© COOP HIMMELB(L)AU）

(蓝天组提供 /© COOP HIMMELB(L)AU)

项目概况：

　　大连国际会议中心基址面向大海，背依城市核心，鉴于项目的高起点、高品质，在方案设计阶段召集六家世界顶级建筑事务所进行国际招标，最终选定奥地利蓝天组（Coop Himmelblau）的设计方案，并由蓝天组和大连市建筑设计研究院合作设计完成，设计的核心理念为"城市中的建筑，建筑中的城市"。建筑的外形对周围环境做出了有力的回应，尺度恢宏的室内共享空间展示开放包容的城市性格，体现了这个时代复杂多元的文化特征。作为蓝天组在中国赢得的第一个在建项目，设计和建造历时 5 年，中奥双方的设计团队经历数不清的建筑实验和挑战，用现代技术演绎出魔术般的空间，让看似不可能的设计成为现实。大连国际会议中心是目前世界上最复杂的建筑项目之一，它主要包括两个不同的功能组块，一是商务功能的会议，二是文化功能的大剧院。整个建筑占地 4.3hm^2，总建筑面积 14.68 万 m^2，高 59m，分为地下一层，地上七层。庞大的贝壳形屋顶之下，包含了众多结构复杂的功能体：地下一层是 2.7 万 m^2 的车库和后勤服务空间、功能用房；地上一层是开放的城市客

厅，从建筑的四个方向均可进入；二层是媒体中心、演员化妆间和办公区域；三层是国际会议中心的主要功能层：内设 3000m² 可容纳 2000 人的多功能大厅，可满足达沃斯的会议和餐饮要求；另有高标准的 1600 座剧场，可容纳包括大型歌舞剧演出在内的多种演出活动；会议中心内还设有 900 座、400 座、200 座等中小型会议厅 6 个及 4 个多功能贵宾会议厅和多媒体会议厅；各会议厅内配备现代化的会议服务设施，为与会者提供国际标准的使用空间；四层的 26 个中小型会议厅用于会议的分组讨论；结合各个不同使用功能的空间体块排列组合，达到一定的空间序列感，同时利用不同的高度，塑造出丰富的内部空间，这些功能块被设计成各种不同形状的小房子，坐落在一个大的室内广场上，各功能块之间由巨大而曲折的廊桥连接。整个建筑内部犹如一座微型城市，人们在设计意向的广场、街道、小巷和房子之间自由穿行游走，仿佛城市中漫步，可以感受到大连城市的肌理印象。

1. 泵房

2. 员工餐厅

3. 厨房

4. 机房

5. 机房

6. 咖啡休息

7. 变电所

8. 卸货区

9. 库房

10. 宴会厅厨房

11. 停车场

12. 汽车坡道

地下室 （蓝天组局部提供 /© COOP HIMMELB(L)AU）

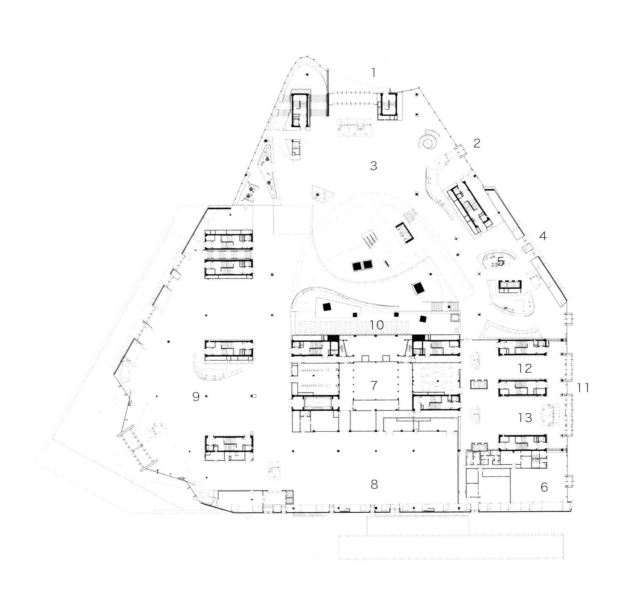

1. 公共入口
2. 员工入口
3. 迎宾大厅
4. 贵宾入口
5. 贵宾大厅
6. 售票中心
7. 台仓
8. 多功能展厅
9. 西南入口大厅
10. 衣帽间
11. 演员媒体入口
12. 演员门厅
13. 媒体门厅

F1-±0.000m（蓝天组局部提供 /© COOP HIMMELB(L)AU）

1. 台仓
2. 库房
3. 乐队休息
4. 主演化妆
5. 中化妆间
6. 媒体会议厅
7. 大化妆间
8. 媒体工作区
9. 演员休息
10. 物业办公
11. 机房
12. 媒体工作区
13. 三号厅主席台

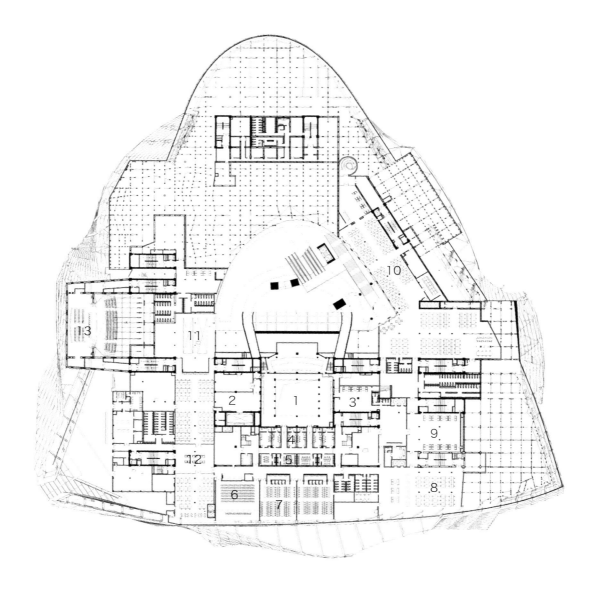

F2-10.200m（蓝天组局部提供 /© COOP HIMMELB(L)AU）

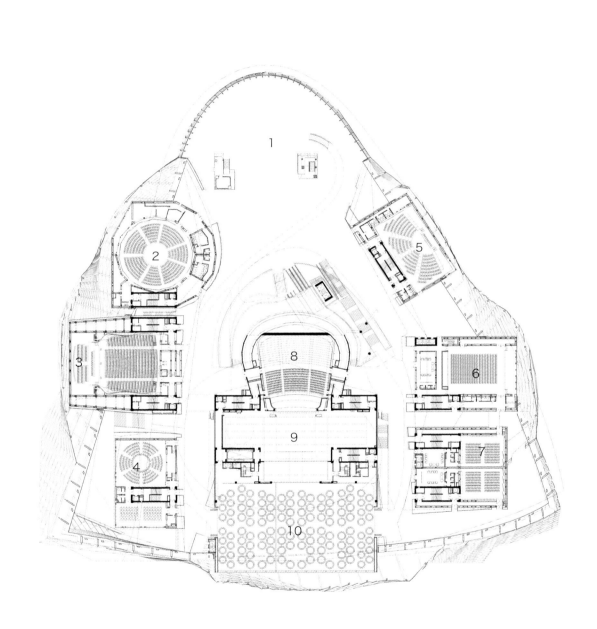

1. 面海大厅
2. 二号会议厅
3. 三号会议厅
4. 四号会议厅
5. 五号会议厅
6. 六号会议厅
7. 七号会议厅
8. 池座
9. 舞台
10. 多功能全会厅

F3-15.300m（蓝天组局部提供 /© COOP HIMMELB(L)AU）

1. 池座
2. 舞台上空
3. 二号会议厅上空
4. 三号会议厅上空
5. 四号会议厅上空
6. 五号会议厅上空
7. 六号会议厅上空
8. 七号会议厅上空
9. 多功能全会厅上空

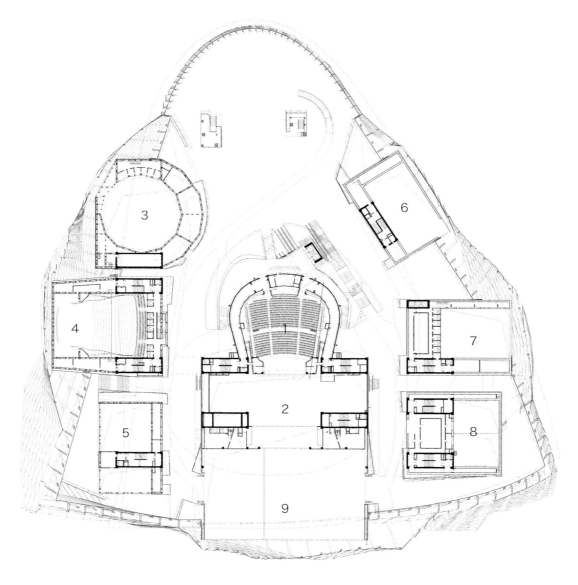

F4-17.850m（蓝天组局部提供 /© COOP HIMMELB(L)AU）

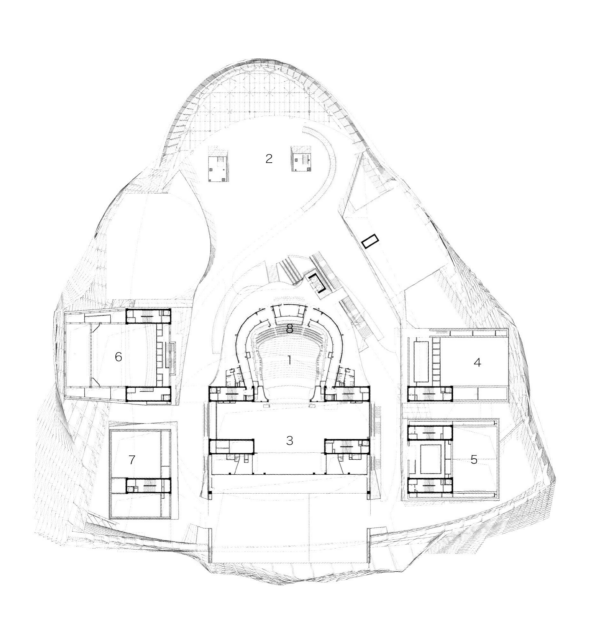

1. 池座上空
2. 面海大厅上空
3. 舞台上空
4. 六号会议厅上空
5. 七号会议厅上空
6. 三号会议厅上空
7. 四号会议厅上空
8. 楼座

F5-23.000m（蓝天组局部提供 /© COOP HIMMELB(L)AU）

1. 楼座

2. 舞台上空

3. 设备间

4. 中型会议厅

5.VIP 休息区

6. 休闲花园

7. 小型会议厅

8. 休闲花园

9. 廊桥

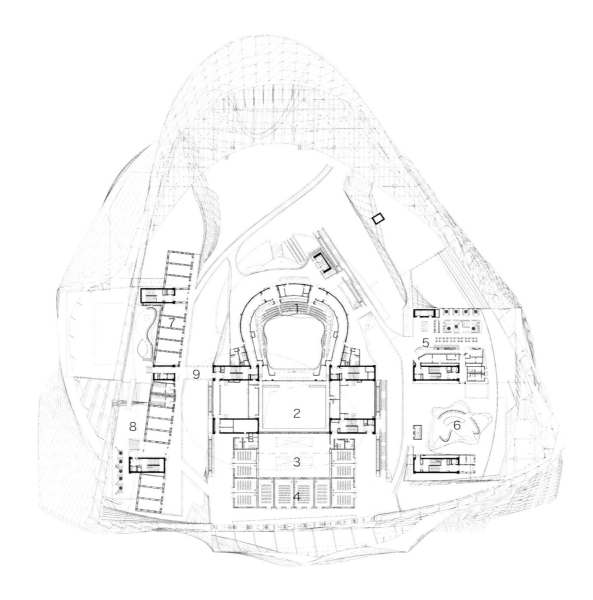

F6-28.500m（蓝天组局部提供 /© COOP HIMMELB(L)AU）

1. 舞台上空

2. 楼座

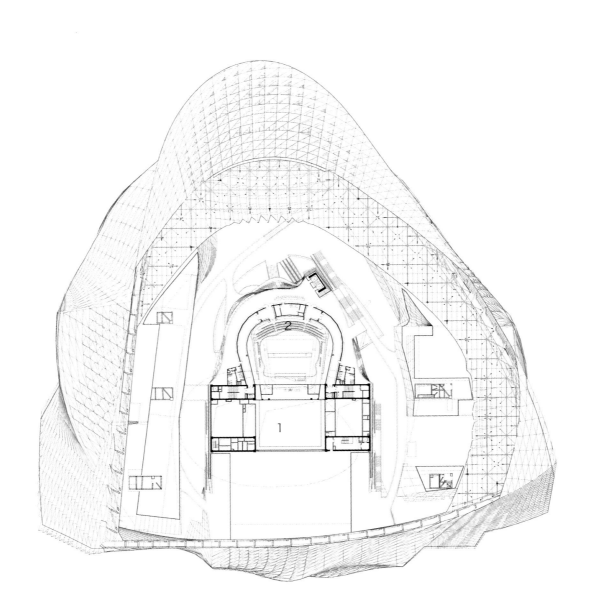

F7-34.000m（蓝天组局部提供/© COOP HIMMELB(L)AU）

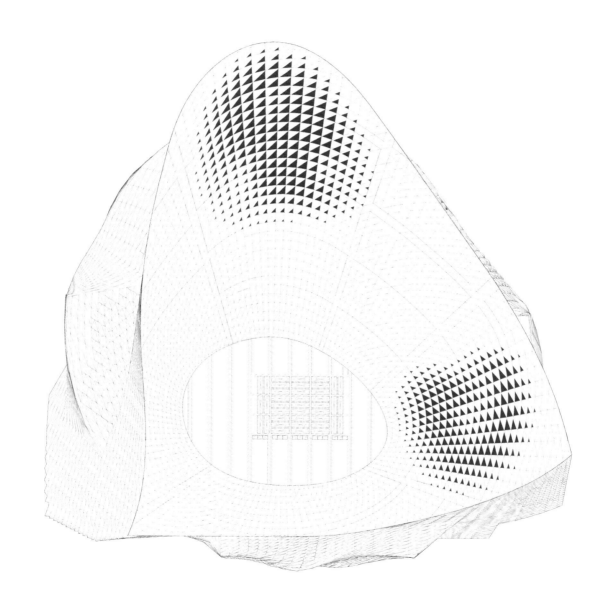

屋盖（蓝天组局部提供 /© COOP HIMMELB(L)AU）

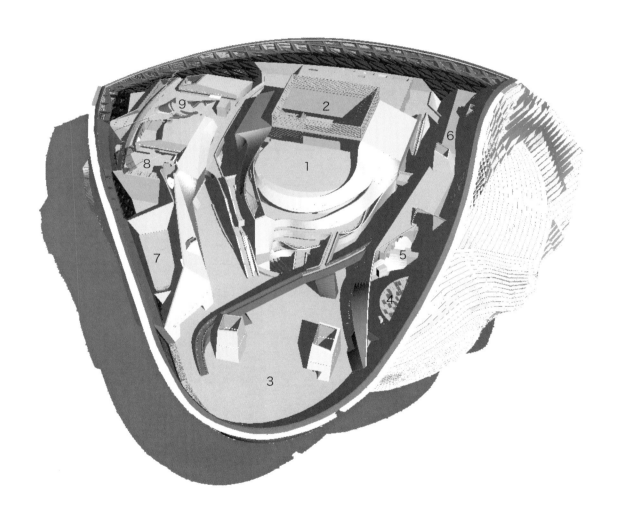

1. 剧场
2. 舞台
3. 面海大厅
4. 二号会议厅
5. 三号会议厅
6. 四号会议厅
7. 五号会议厅
8. 六号会议厅
9. 七号会议厅

功能分区：Level 15.30m / Level 28.50（蓝天组局部提供 /© COOP HIMMELB(L)AU）

1. 舞台

2. 中型会议厅

3. 多功能全会厅

4. 多功能展厅

5. 剧场

6. 设备间

7. 台仓

8. 迎宾大厅

9. 面海大厅

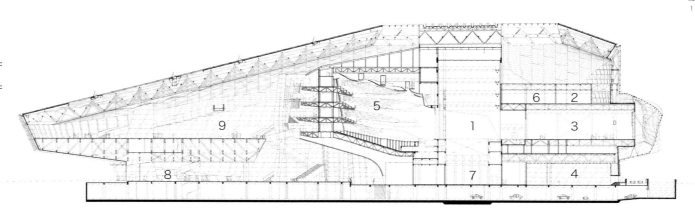

1-1 剖面（蓝天组局部提供 /© COOP HIMMELB(L)AU）

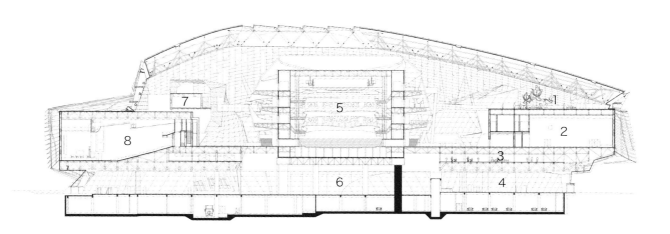

1.VIP 休息区

2. 六号会议厅

3. 物业办公

4. 贵宾大厅

5. 剧场

6. 迎宾大厅

7. 小型会议厅

8. 三号会议厅

3-3 剖面（蓝天组局部提供 /© COOP HIMMELB(L)AU）

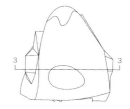

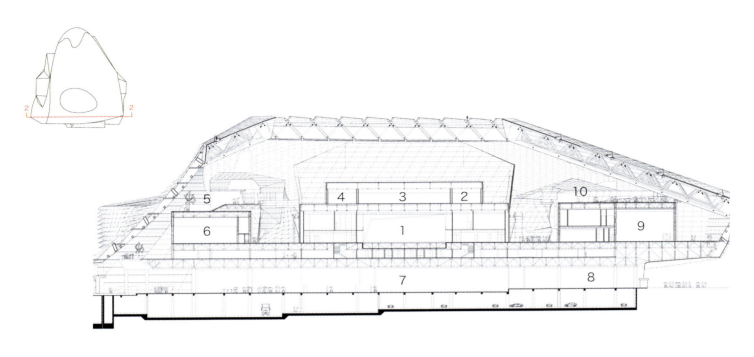

1. 多功能全会厅

2. 中型会议厅

3. 设备间

4. 中型会议厅

5. 休闲花园

6. 四号会议厅

7. 多功能展厅

8. 售票中心

9. 七号会议厅

10. 休闲花园

2-2 剖面（蓝天组局部提供 /© COOP HIMMELB(L)AU）

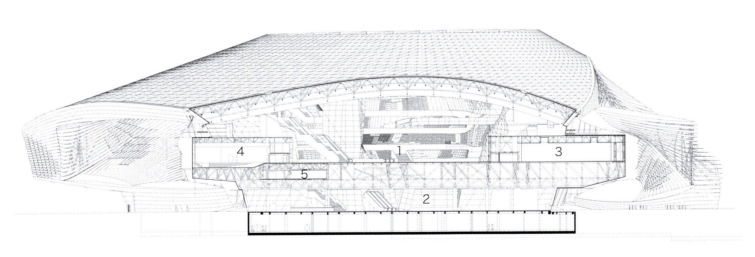

4-4 剖面（蓝天组局部提供 /© COOP HIMMELB(L)AU）

1. 面海大厅

2. 迎宾大厅

3. 二号会议厅

4. 五号会议厅

5. 物业办公

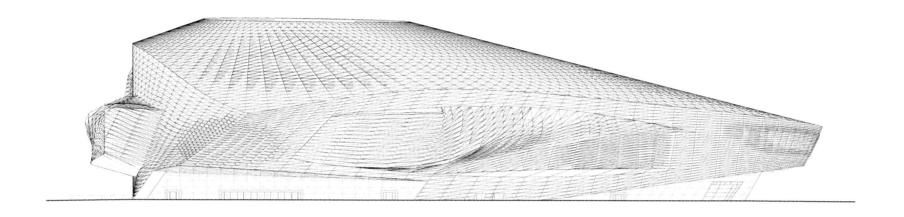

东立面（蓝天组局部提供 /© COOP HIMMELB(L)AU)

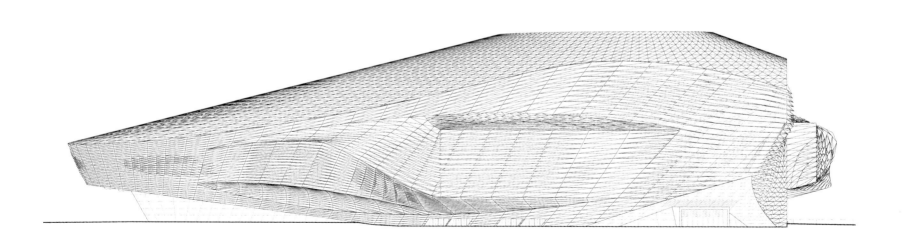

西立面（蓝天组局部提供 /© COOP HIMMELB(L)AU)

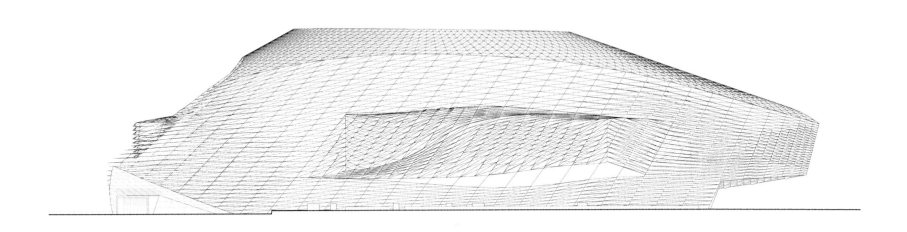

南立面（蓝天组局部提供 /© COOP HIMMELB(L)AU）

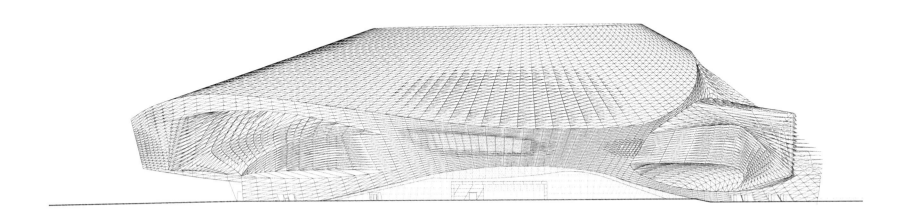

北立面（蓝天组局部提供 /© COOP HIMMELB(L)AU）

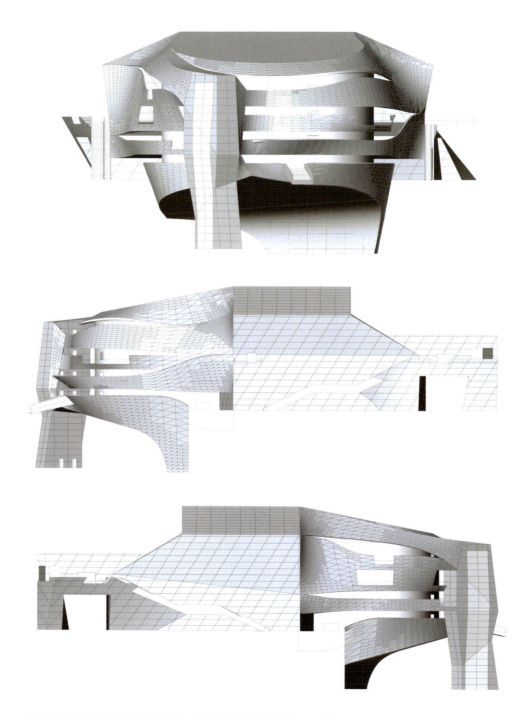

主宴会厅剖面（蓝天组提供 /© COOP HIMMELB(L)AU）

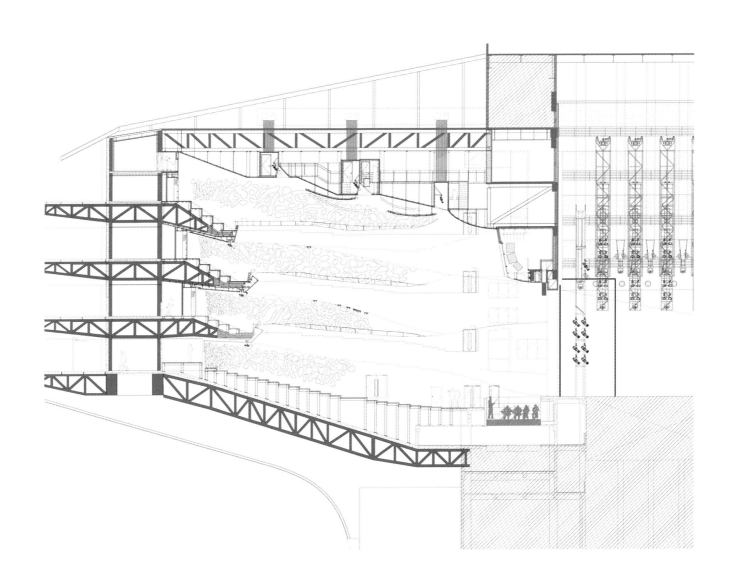

主宴会厅剖面（蓝天组局部提供 /© COOP HIMMELB(L)AU)

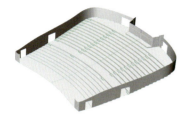
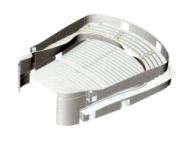

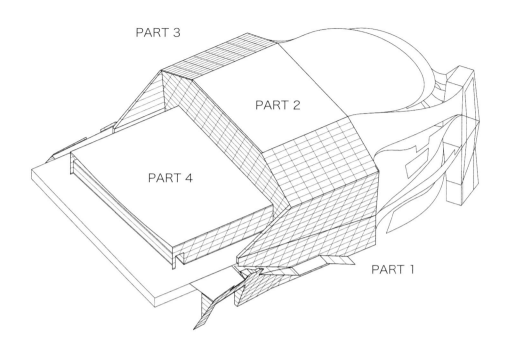

PART 3

PART 2

PART 4

PART 1

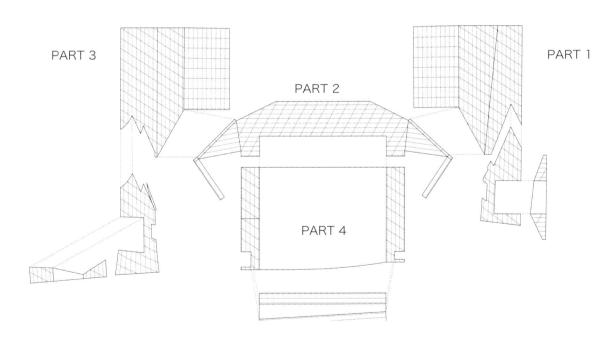

PART 3

PART 1

PART 2

PART 4

宴会厅（蓝天组提供 /© COOP HIMMELB(L)AU）

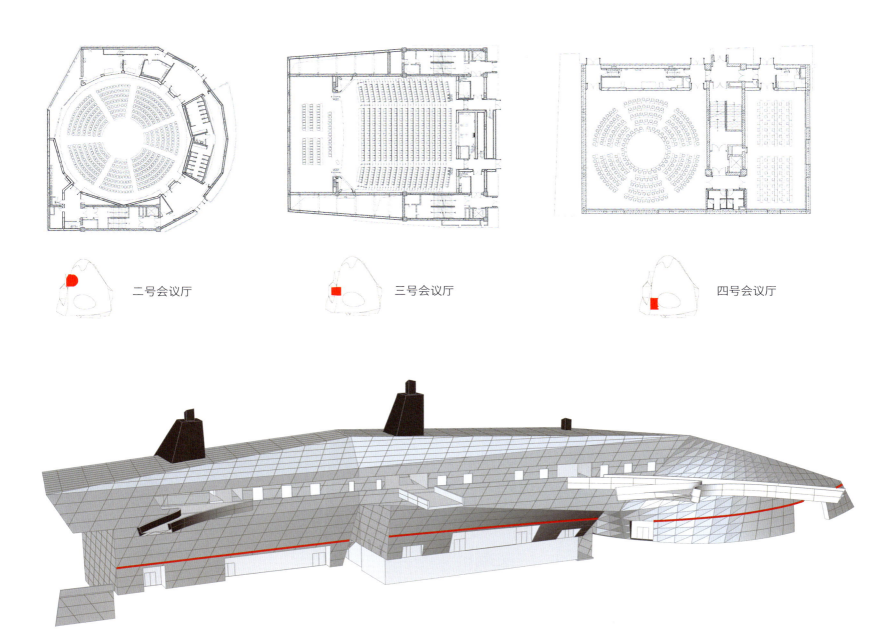

二号会议厅　　　　　　三号会议厅　　　　　　四号会议厅

会议厅（蓝天组提供 /© COOP HIMMELB(L)AU）

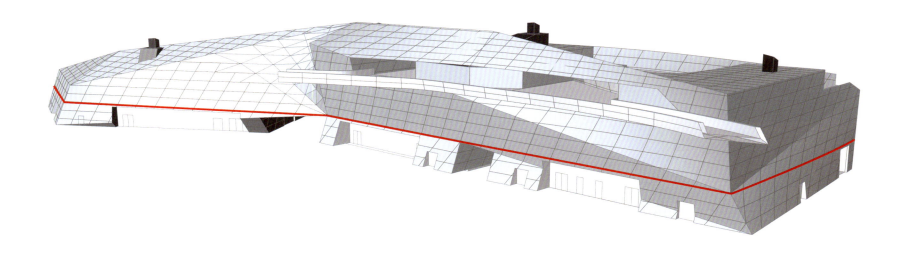

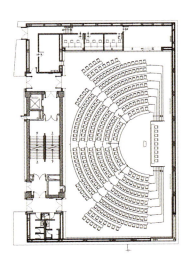

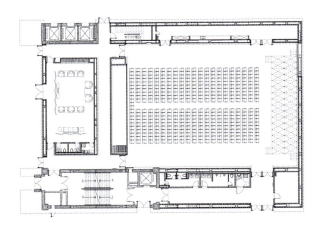

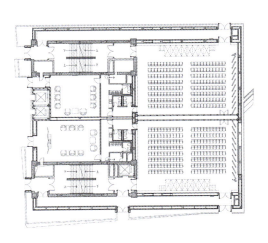

 五号会议厅

 六号会议厅

 七号会议厅

会议厅（蓝天组提供 /© COOP HIMMELB(L)AU）

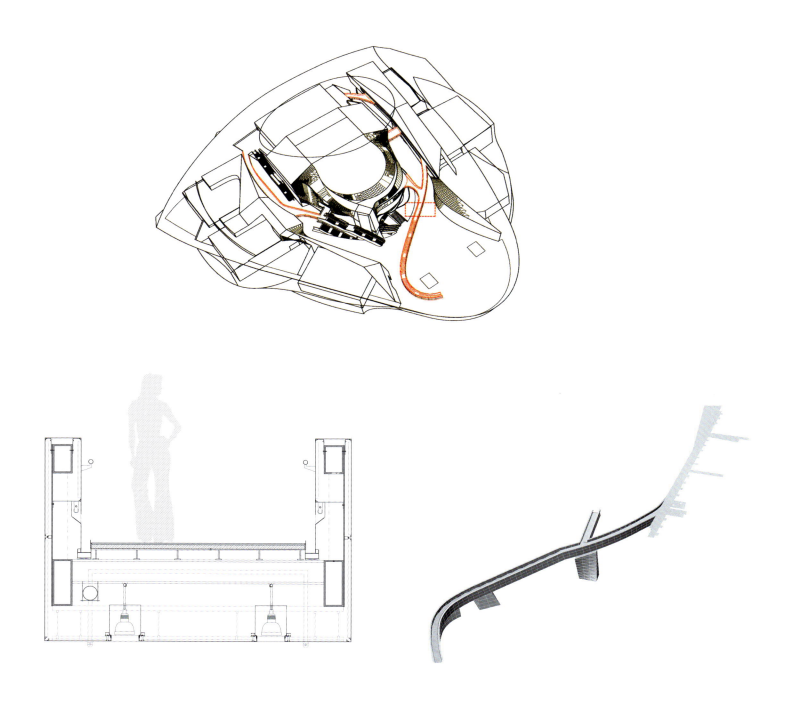

细部设计（蓝天组提供 /© COOP HIMMELB(L)AU）

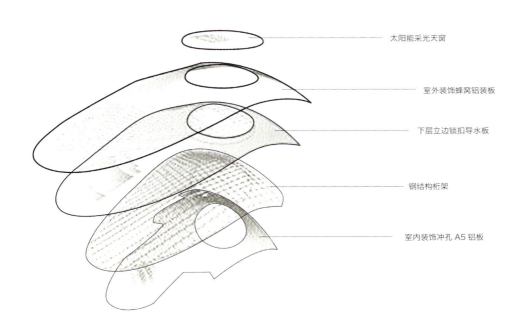

太阳能采光天窗

室外装饰蜂窝铝装板

下层立边锁扣导水板

钢结构桁架

室内装饰冲孔 A5 铝板

屋顶结构（蓝天组提供 /© COOP HIMMELB(L)AU）

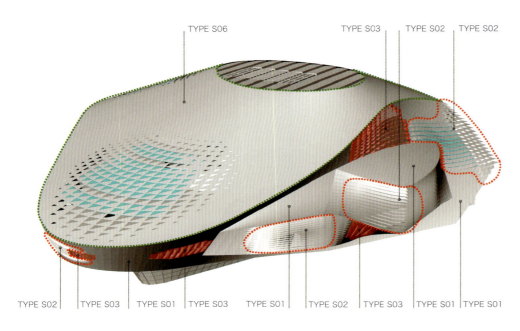

TYPE S06　　TYPE S03　TYPE S02　TYPE S02

TYPE S02 | TYPE S03 | TYPE S01 | TYPE S03 | TYPE S01 | TYPE S02 | TYPE S03 | TYPE S01 | TYPE S01

表皮类型（蓝天组提供 /© COOP HIMMELB(L)AU）

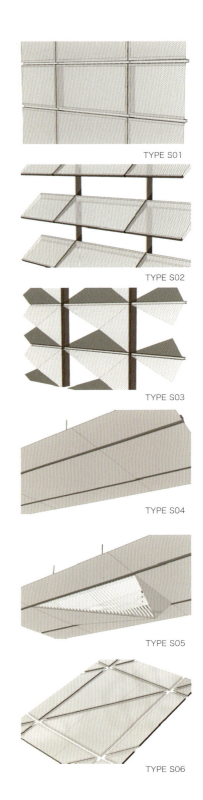

TYPE S01

TYPE S02

TYPE S03

TYPE S04

TYPE S05

TYPE S06

TYPE S01

TYPE S02

TYPE S03

TYPE S04

TYPE S05

TYPE S06

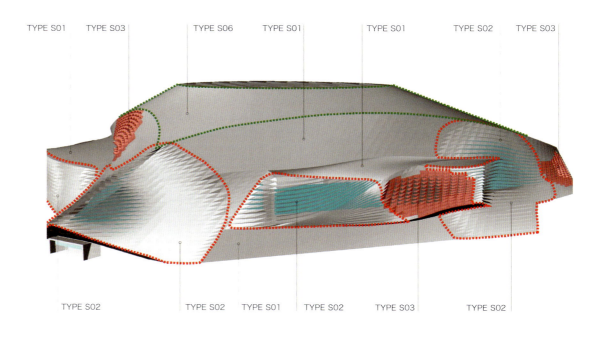

TYPE S01   TYPE S03   TYPE S06   TYPE S01   TYPE S01   TYPE S02   TYPE S03

TYPE S02   TYPE S02   TYPE S01   TYPE S02   TYPE S03   TYPE S02

表皮类型（蓝天组提供 /© COOP HIMMELB(L)AU）

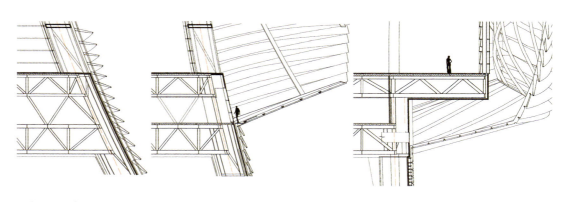

细部剖面（蓝天组提供 /© COOP HIMMELB(L)AU）

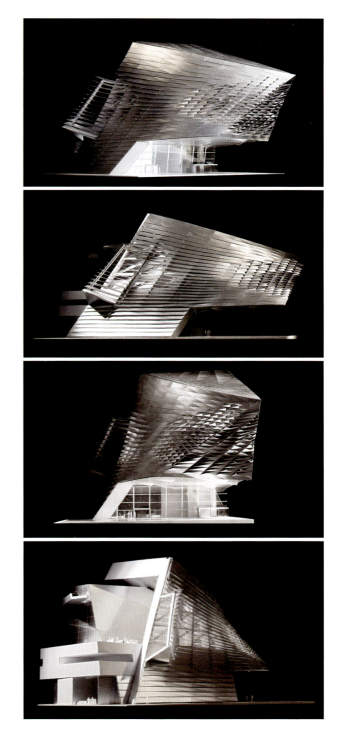

蓝天组表皮模型 1:50

（蓝天组提供 /© MARKUS PILLHOFER）

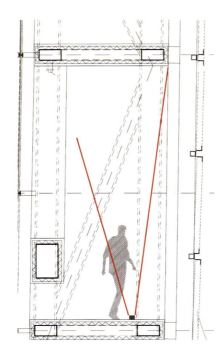

细部设计（蓝天组提供 /© COOP HIMMELB(L)AU）

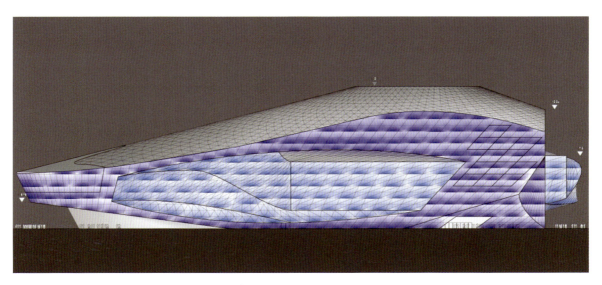

（蓝天组提供 /© COOP HIMMELB(L)AU）

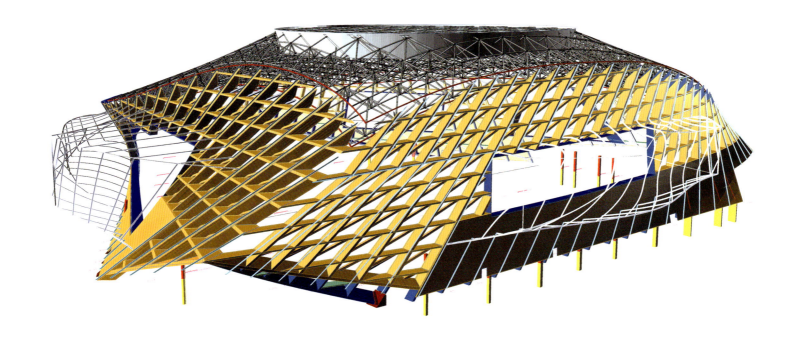

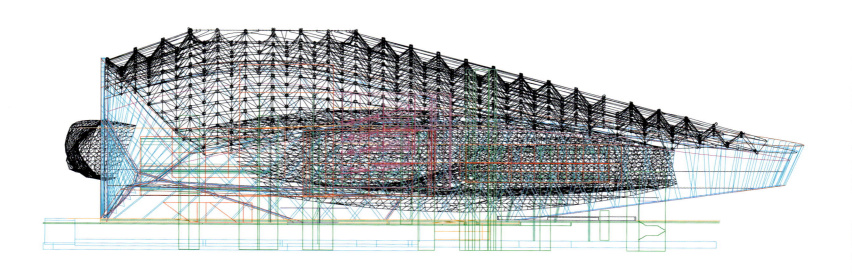

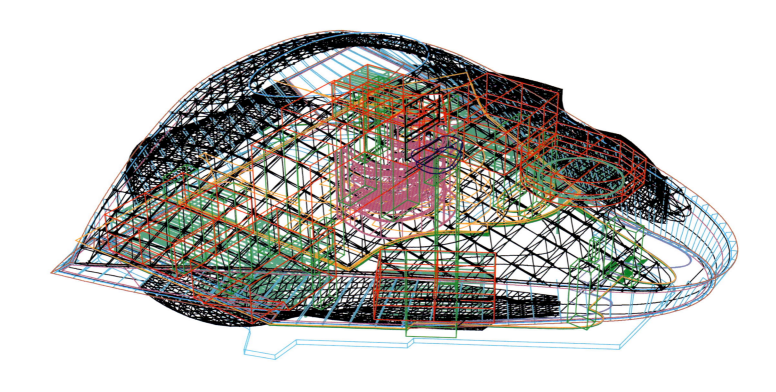

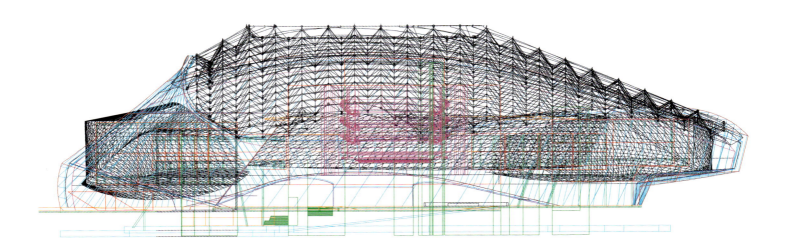

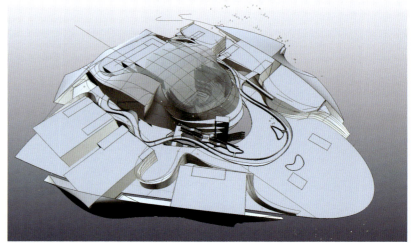

（蓝天组提供 /© COOP HIMMELB(L)AU）

恋爱中的犀牛

文／葛少恩

2008 年 8 月，我很幸运地进入了项目组。对蓝天组的了解始于学生时代，印象中这是一个非常前卫先锋的事务所，设计语言相当"解构"，设计思想也晦涩难懂，属于武林门派中的偏门绝学。当时的我对参数化设计更是一无所知。带着对建筑设计单纯的热爱，对大师的好奇和中外合作的期待，开始了紧张的设计。

犀牛的冲击：

作为项目的总负责，崔岩总建筑师在项目之初，凭着掌握到的信息和职业敏感，意识到犀牛软件将对本次项目是否顺利进行产生重大影响，于是首先指导我开始了对犀牛软件（Rhino）的学习。事后证明，这款三维软件几乎颠覆性地改变了我们常规的工作方法。

跟着教程学习犀牛基本操作并不困难，但是，要怎样指导设计，怎样建立起有效的工作方法，在面对蓝天组传来的总体模型时，我们仍然是一头雾水，由于本项目是大连市的重点建设项目，社会关注度高，工期的压力很大，工作也一直处在很紧张的气氛中。因此在蓝天组尚处在初步设计阶段时，大连项目组就在同步进行施工图设计，同时又要兼顾甲方对设计提出的修改。常常是大连这边刚刚熟悉了图纸，蓝天组的新版图纸就传来了，因此，如何应对这种局面，成为大连项目组的一道难题。为了尽快找到一套有效的工作方法，为了解开犀牛之谜，崔总决定派遣纪晓海和我远赴维也纳"取经"。

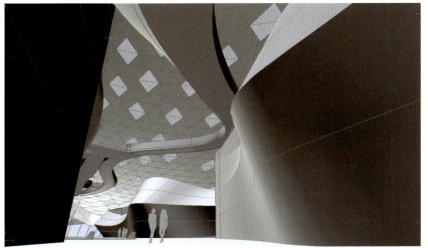

在维也纳，我们参与了奥方团队的设计，并与项目组成员进行了深入交流，对设计的产生过程和方法有了更全面的了解。

由于项目体型复杂，设计必须采用三维手段。首先在三维软件（如 Rhino、Catia、Digital Project 等）中完全按照实际尺寸建出整个建筑精确的三维模型（在本项目设计中，模型是不断修正和完善的），并根据电子模型导出 DWG 格式的平立剖面。我们在之前的设计中虽然也采用计算机辅助形态设计，但模型完全是依据平立剖二维数据建立的，只作为三维效果的参考。是否将三维计算机模型作为设计的出发点和依据，是二者的最大不同。

基于计算机三维软件精确的模型设计（即所谓的 BIM），使得复杂的建筑造型可以方便直观地在电脑中建造、编辑、修改。通过简单的命令，又可以快捷地输出 DWG 格式的平立剖，甚至透视、轴测等二维图形文件。这种建模的形式，包含了建筑的全部准确信息，对于曲面物体、复杂部位的研究尤为方便，也使得建筑与结构机电等专业讨论三维问题有了一个直观的、可以依赖的平台。实际运用中我们还发现，对于复杂形体的建模，仅仅通过拉伸、扭转、剪切，甚至几何定点控制是远远不够的，无法达到形体的自然，也无法精确方便地控制形体的边界数据，因此引入了参数化建模的方法，这种建模的过程类似于通过编程获得曲线或曲面，由于程序的参数可变，大大方便了形态的调整。因此，

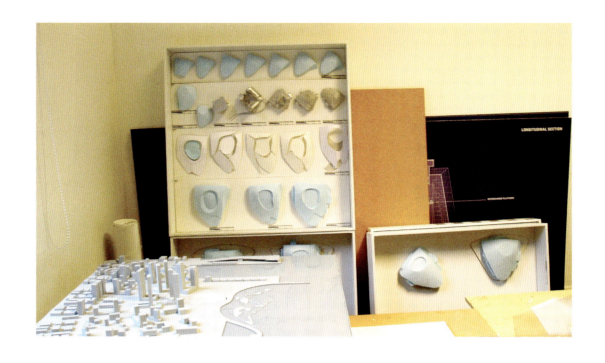

可以实现对曲面的大量有逻辑的创建。例如创建海螺形楼梯，并使得踏步数和休息平台的位置可以自由控制，等等。

对建筑设计而言，参数化建模手法完全摒弃了以往完全基于视觉效果建筑造型模糊的形态推敲，而是将自由形体与严谨的数学模型联系在一起，使自由造型能够符合数学逻辑并达到完美的效果。

值得一提的是，参数化设计在大连国际会议中心项目中，并没有成为设计的主导，相反仅是手段，任何细部的推敲、形态的变化，都是通过实体模型和草图推敲决定的，具体来说，就是先将草图制作成手工模型，再将此模型以 3D 扫描仪扫描进电脑，在软件中用参数化进行模拟和修正，再将结果制作成实体模型，在实体模型中进一步深化设计空间、表皮、结构等，如此反复，整个过程仅利用了计算机的优势进行了效果模拟，设计自主权则完全掌握在主创人手中。整个过程与我们熟悉的在 3D 软件中反复修改模型，来实现夸张效果的渲染图制作是完全不同的。

大连国际会议中心在计算机应用上的另一特点是 Autocad 大规模协作绘图。由于项目规模的庞大复杂，已经使得单人单机各自为战的绘图方式相形见绌，漏洞百出，无法实时修改。因此要快速有效地分工合作，必须有一个公共的平台，实现图纸的信息共享，实时更新。这是我们在蓝天组所看到的操作模式，也是世界上大多数的设计公司所采用的模式，这种操作方式使得绘图效率得以提高，避免了以往单人画图各自为战形成管理上的混乱和绘图表达上的随意，此模式要求所有成员在统一的服务器上绘图，采用统一的 Autocad 制图标准，以外部引用（xref）方式分工合作。

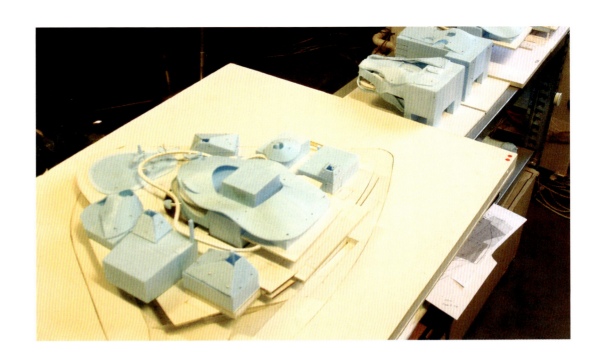

维也纳随想：

在与蓝天组的合作中，建筑师的职业敏感促使我不断去想，到底是怎样的环境造就了沃尔夫·德·普瑞克斯这样的设计思想？维也纳，这个在我们印象里有"金色大厅"和"茜茜公主"的音乐之都，如何产生了这样前卫的艺术家？在维也纳的短暂工作让我重新认识了这座城市。

维也纳不仅是音乐之都，也是艺术之都，我们到达维也纳的第二天，就与建筑史上赫赫有名的"维也纳分离派展览馆"不期而遇，维也纳分离派（Vienna Secession）艺术家奥托·瓦格纳（Ott Wagner）在世纪初就以邮政储蓄银行这样前卫的作品在现代建筑史上独树一帜。虽然同属德语文化圈，维也纳在文化艺术上却少了几分德式的刻板，相反，由于临近南欧和东欧，在文化的不断融合中，造就了开放的艺术氛围。

虽然帝国的光辉在 20 世纪之初渐渐褪去，但对艺术的偏爱使维也纳成为了欧洲最开放包容的城市。蓝天组的国际化程度让人惊讶，仅大连国际会议中心小组就分别有来自德国、奥地利、捷克、澳洲、中国、墨西哥的青年建筑师，其中不乏各领域的"高手"，包括参数化软件高手、Autocad 高手等，对艺术的执着追求吸引了来自不同文化圈的优秀青年，同时不同文化的激烈碰撞使整个团队的工作氛围充满活力和张力。

大连国际会议中心的成就不仅有来自维也纳团队的智慧，也凝结了大连团队的心血、汗水和智慧。在有限的工期内，项目组各位同事几乎是在施工图设计的同时，完成了从犀牛"0"基础，到熟练运用参数化，到与 MAGIC cad 、SAP 等机电、结构专业软件的相互对接，以及 autocad 大规模协作设计，等等。整个工程充分展现了大连团队勇于创新、不断探索的实力和潜力。

设计表达的卡通化

文／纪晓海

2008 年 12 月，我和同事在维也纳参与设计工作，近距离接触了方案的生成过程，之后是长达两年的建筑设计过程。回顾此段经历，印象最深的，是这样一个无可名状的特异建筑在设计中的表达方法。从蓝天组 Prix 大师的几笔草图到眼前银光闪耀、雪山般高耸绵延的巨构，这期间经历了怎样的环节，需要怎样的转译过程。

在蓝天组的日子里，参加了几次方案讨论，观摩了大量已完成和正在进行的项目设计，也去参观了蓝天组的上一个重要作品——慕尼黑宝马世界。印象中，Prix 先生靠在沙发椅里，手持一支雪茄，用沙哑缓慢的语调谈论设计，将他的理念传递给团队成员。而由几个工作组形成的高效率技术团队，用成熟的设计方法实现着美妙的建筑想象，这种理念 + 技术的组合堪称完美。

在蓝天组的设计团队中，分为二维和三维两个设计小组以及模型制作组。由 Prix 先生把握总体设计概念，在项目合伙人 (前期是 Paul Kath，后期是 Wolfgang Reicht) 带领下，三个组的工作平行推进，相互验证。

二维小组负责功能平面的摆布、二维 CAD 图纸的输出。Veronica，一位捷克女孩，是这里的负责人。她对 CAD 有着精深的掌握，不但能通过动态块和批量打印等命令自动读取面积、自动打印等，而且在 CAD、RHINO、EXCEL 等软件间建立了大量关联，实现成果的自动输出和相关调整。总之，能让系统做的事都设置好了。

三维小组负责形体和表皮肌理的生成；这里的核心人物是 Alexander 和 Jan Brosch。Alexander 是办公室里为数不多的奥地利本国人，也是一位艺术范的建筑师，扎马尾辫，弹一手好吉他。他负责建筑造型的生成和把控。Jan Brosch 来自德国马德堡，负责建筑表皮的参数化生成。也许是马德堡半球实验带来的科学态度，Jan 的思维极其严谨，环环相扣，具有典型的德国人风范。

参数化设计是方案构想得以落实的关键工具，因为会议中心的外壳包含了几万块形状尺寸各不相同的表皮板块，每个板块并非简单平板，而是包含了折边、凹槽、加强衬板等的空间三维体，板块内部又有不计其数的次龙骨、主龙骨、钢梁、钢桁架、钢柱等支撑结构，这些支撑结构和表皮板块之间有着严格的空间对位关系。从表皮到支撑结构的所有构件都不是垂直水平，设计时需要建立每个构件的三维模型，安装时需要将每个构件逐一在三维空间中定位。同时建筑的不规则形体导致这些构件尺寸各不相同，几乎没有标准化构件，如果在电脑里由人工逐一建模生成，所花费的时间和人力是无法想象的。简单计算一下，会议中心外壳大约包含 10 万个构件，按每人每小时制作 4 个构件的三维模

型计算，净工作时间需要 2.5 万个小时，合 1042 天，以一天 8 小时工作计，折合 3125 天，就算 10 个人不停建模，也需要 312.5 天才能完成一次建模工作。如果建筑外壳发生修改，这些工作就需要重做，实际是不可完成的任务。在会议中心的设计过程中，因业主意见、功能调整、结构机电设计、幕墙工艺、施工误差等各种因素引起了建筑外壳的数十次大大小小的调整修改。正因为有了参数模型，很多修改的工作时间可以缩短到以分钟计，这样才保证了项目的完成。

模型制作组随时根据设计成果跟进制作实体模型，比例从最初的 1:500 到 1:100、1:50，材料从泡沫塑料和纸板到 3D 打印机的树脂模型，制作范围从环境总体、建筑外形到室内空间。我们看到了方案演化过程的几十个手工模型，基本是在办公室里由组内成员搭建的工作模型。蓝天组办公楼的地下室还有整层的模型制作室和摄影棚，主要用来制作表现性的精美模型，模型制作室有 3D 打印机、三维雕刻机、机床、切割机等各种设备，模型材料分门别类，堆积成山，好似一个小型工厂。摄影棚可以随时拍出效果精良的模型表现照片。

设计方案有了以后，设计成果的传达对于项目的完成就显得尤为重要。纵观设计全程，合作单位除了本地建筑设计公司，还有施工总包公司、钢结构公司、幕墙顾问及工程公司、室内设计施工公司、灯光顾问及工程公司、声学顾问、厨房顾问、结构机电顾问、广告标识设计、景观设计、遮阳帘、光伏发电系统、融雪系统等各种合作公司。面对如此复杂的特殊建筑，设计的一项任务就是如何把信息清晰有效地表达清楚，传播出去。

设计工作的第一层信息平台是由蓝天组实时更新的犀牛三维模型，所有关于表皮和内部主要空间的修改都在这个模型中更新和验证，这个模型随着工作的深入，拆解成了若干部分，由不同的分包商按照统一的命名原则、命令标准、图层标准、标注标准等进行深化，在统一的 FTP 文件平台上进行文件更新，再合并为整体模型。

设计工作的第二层信息平台是依据三维模型导出的二维图纸。二维图纸更易于标注、确认、送达和读取等，是不可缺少的信息媒介。二维图纸的表达范本是蓝天组的幕墙设计文件，将复杂的幕墙进行简明易懂的归类、索引，以清晰的图示语言表达，很好地指导了后续大量分包商的工作。

将艰深难懂的复杂形体用简明的图示表达出来，这也可说是一种卡通化的方法。这种方法指导了后续设计工作的图纸架构，例如，我们院的施工图就是建立在一套预设好的图纸拆分、命名、索引、交互引用体系基础上，利用院内网络平台由 50 多名设计师进行协同设计，由以往的单兵作战升级为团队化协同作战，保证了工程的按时高质量进行。

纵观设计全程，与国际水准的设计事务所在这种特殊项目上进行深度合作，我们感受到的不止是某些点、某些环节上方法的改进，而是整体工作标准的提升。可以说，所有参与的分包商都经历了一次理念和方法上的洗礼，因为非常规的项目打破了很多既有的工作模式，工作变成了一种创新。

设计的节省·"节省被设计"理念

文／崔岩

　　夏季达沃斯会议每两年在大连召开一次，而大连会议市场多繁忙于夏秋两季，如何通过设计让城市公共功能资源共享最大化、最优化，一直是中外双方建筑师所关注的设计关键点，在设计的不同阶段反复与业主交流此问题，努力争取业主的支持，其工作成果"节省被设计"的理念，逐渐被采纳并付诸实施：

1. 大剧院与多功能全会厅共用舞台：

　　大剧院功能的引入考虑到大连主市区无现代高标准剧院，剧院与会议中心功能的设计叠加会最大化利用建设资源，节省土地、缓解中心区停车和交通的压力。拥有 1600 座配备 16mX12m 台口的大剧院，与容纳 2000 人可灵活组合的多功能全会厅相邻，传统歌剧院应具备的后舞台空间，同时兼具了多功能全会厅传统意义的舞台功能，大剧院舞台用于运送布景的 10t 大货梯，同样可满足多功能全会厅功能转换的需求，此项共用舞台的设计与建筑声学设计的高标准活动隔声隔断相结合，将多功能全会厅分隔成可同时使用的三个空间，使得利用很少的额外投资便能扩大空间功能适用范围——从戏剧、音乐会、会议、综艺晚会、宴会、婚庆典礼，甚至到服装、奢侈品品牌发布、汽车展、群众演员休息候场等。

2. 多功能会议厅的功能扩展：

　　15.30 标高平面中，仅有两个会议室是配备会议表决器和固定家具的专项功能会议室，其余会议室均采用活动家具，并配备各会议室独立的专属家具库和运送货梯，运送货梯与地下室中心库房有便捷的联系，部分会议室配备高标准活动隔声隔断，结合收藏式推拉联排座椅，可实现单一大空间被分隔成两个，并可同时展开不同种功能形式的空间，通过设计实现会议、展览、小型实验剧场的功能拓展。

3. 微型能源供应站的设置：

　　首层和 15.30 核心会议层从各会议厅至公共共享大厅，地面每隔 8~16m 布置机电设备地坑，此机电设备地坑就像小型的能源供应站，可以实现大空间中临时搭建吧台、媒体采访间、展示台这种屋中屋的可能，会议厅围绕在大剧场周围，微型能源供应站在不同区域间提供更便捷的服务，形成功能服务的有效补充和变换，从而节省时间和人力成本，同时也在不同的区域形成多变空间，通过这个开放和流动的空间，为使用者提供休息区和餐饮区及非正式的交流场所，这也正是现代会议空间的理想氛围。

4. 两个多变的展览区域：

首层的临时展览区域平日满足面向市民的主题展览需求，在大连夏秋黄金旅游季节，为满足多种会议的需求，结合顶棚的集成组合灯具、地面微型能源供应站、剧场大型货运电梯的设计，功能可拓展为产品发布会、大型艺术沙龙、企业年会、大型宴会。

5. 大化妆间与新闻媒体发布中心的演化：

新闻媒体信息发布中心是夏季达沃斯会议期间的主要功能，大连国际会议中心设有三个信息发布中心，考虑到一年 365 天的使用和管理成本，将其中的两个信息发布中心设计成可与培训中心、大化妆间互为功能的转换，将化妆用洗面盆集成化设计，为大型的文艺汇演提供舒适的换妆需求，将单一功能空间演化成多功能使用的空间。

"节省被设计"的理念，是一种建筑师主动出击的设计方式，由单一空间功能拓展设计，实现了业主多功能的诉求，建筑师以设计达到节省目的，加之业主物业管理的科学化，会使功能的集约化达到极致，更大化地节约有限资源，较理想地做到城市公共功能资源共享最大化、最优化。此设计理念完全不同于当下国内普遍的设计管理观，即业主追求造价的节省完全依赖改变建筑师的材质设计和空间设计来实现，在此项目中建筑师应感谢国际会议中心业主的理解、支持和积极配合。

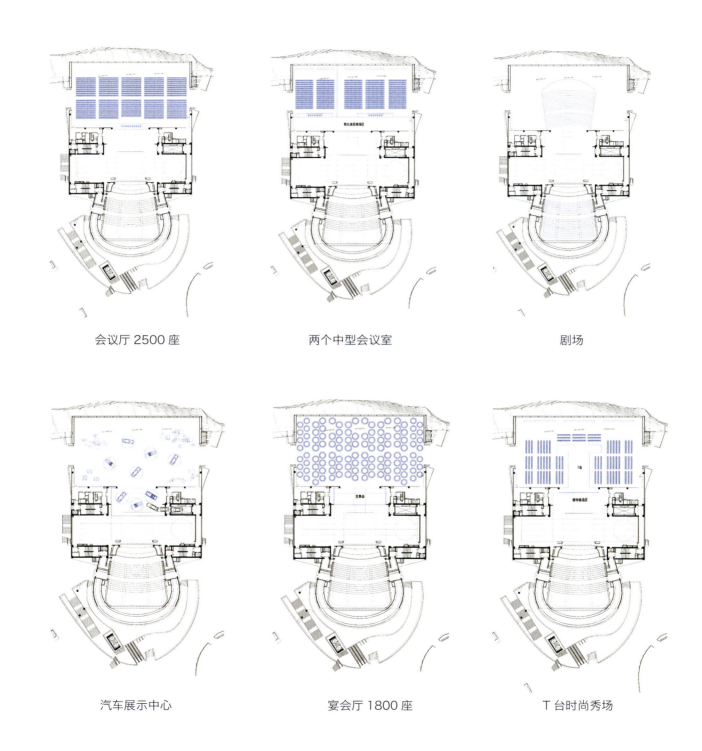

会议厅 2500 座   两个中型会议室   剧场

汽车展示中心   宴会厅 1800 座   T 台时尚秀场

宴会厅功能分析（蓝天组局部提供 /© COOP HIMMELB(L)AU）

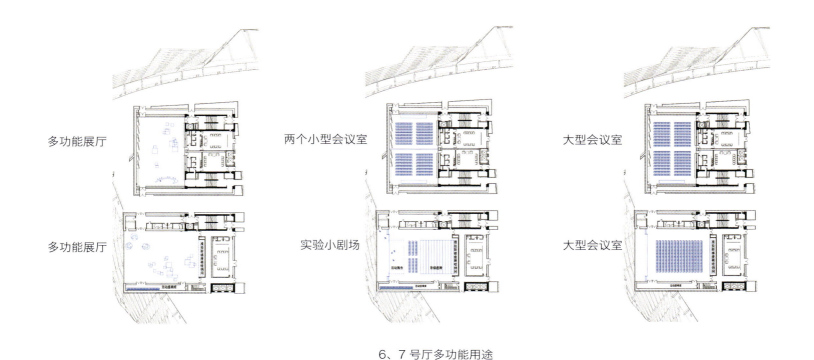

多功能展厅   两个小型会议室   大型会议室

多功能展厅   实验小剧场   大型会议室

6、7 号厅多功能用途

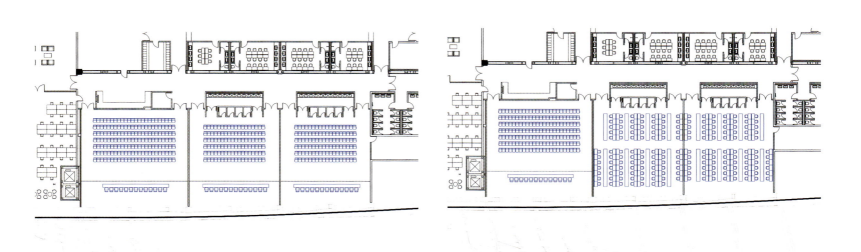

3 个媒体中心   1 个媒体中心＋ 2 个大化妆间

（蓝天组局部提供 /© COOP HIMMELB(L)AU）

解放空间·成就空间

文／于晶

消防设计释放空间：

大连国际会议中心蓝天组原始方案构思能否顺利深化，首先取决于建筑消防设计，建筑消防设计成功与否，取决于中方建筑师团队对蓝天组方案的深度解读程度，取决于为高完成度实现作品的一份执着的坚持。

考虑到消防安全策略目的是确保发生火灾时建筑内人员可以安全疏散、确保消防救援通道畅通、限制火灾在建筑物内蔓延、确保结构在火灾中的完整性、防止火灾在建筑物之间蔓延、保障建筑营运连续性并保护财产，因此按照现行国家消防技术规范标准进行防火隔离、防烟排烟、安全疏散设计，需要分析解决的现实问题如下：

1. 地面层 ±0.000 标高的部分楼梯无法设置直接对外的出口；

2. 贯穿各标高楼面的超大公共空间面积大约为 4.3 万 m^2，面积远远超出了防火规范的规定；

3. 在 ±0.000 和 15.300m 标高层公共走廊部分疏散距离多处超过 30m；

4. 舞台单独设置防火分区，面积为 3000m^2 超过防火规范 2000m^2 的规定。

综合上述问题的存在，考虑到大连国际会议中心作为具有国际标准的大型综合会议中心及演出中心，功能设计在很多方面都具有国际先进性和前沿性；同时为更好地释放出建筑原始构思所需开放和漂浮感的空间，突显建筑空间的艺术性追求以及该会议中心独特的使用功能要求，常规消防规范不能涵盖其消防设计要求，科学地引入消防性能化设计能较好地实施安全可靠、技术先进、经济合理的原则。

由 C+Z 建筑师工作室与中国科学技术大学国家重点防火实验室共同合作的消防性能化设计，借助火灾安全工程的方法和手段，在对具体建筑物的火灾风险、火灾发展状况及被动防火措施的实际效果进行个案评估的基础上，为大连国际会议中心的不同区域提供不同的消防安全措施，并确保消防安全措施集中于火险概率较高或火灾产生的后果更严重的区域。

下面主要是在本项目中可以借鉴或采用的若干重要的消防设计概念，这些概念在国际国内的大型项目中都多次运用，对整个会议中心消防设计具指导性作用。

独立的防火单元：

在大空间内，不建议按照规范的防火分区要求设置防火或防火卷帘等设施，但针对一些办公机电房、附属用房等，可以使用独立防火单元的概念，把这些区域单独保护，从整个大空间中独立出来。独立防火单元是针对大空间内局部具有维护结构的作用，采用耐火极限不低于 2 小时的隔断、不低于 1.5 小时的楼梯进行保护，门窗采取中级防火门窗。由于防火单元处于大空间内，而其他大空间内火灾都有专门的保护措施，防火单元概念的提出为设计提供了灵活性，又能使更大空间防火保护有的放矢，层次分明。

疏散设计的若干概念:

1. 准安全区

2. 分阶段疏散

3. 疏散距离

4. 疏散出口宽度

防火分隔策略:

设置防火分区的根本目的:尽可能地将火灾限制在一区域内,减少火灾导致的生命财产损失,为保证开敞共享大厅的空间效果和人员流动的顺畅性,不允许也不可能全部采用设置物理的防火分隔设施来实现防火区划分;按照性能化分析的概念,由于共享大厅拥有巨大的空间,有很大的蓄烟纳热能力,加之设计的努力将屋顶采光天窗部分区域,设置可开启并具消防联动的排烟天窗,其与侧向消防联动可开启百叶共同组合形成自然对流的状态,消防性能化经 3D 数字模型模拟火灾场景后,确定共享大厅可视为准安全区——4.3 万 m^2 的超大空间,无防火卷闸、常规喷洒管道等设施 ,极大地解放了建筑师的空间诉求,创造了更精彩塑造空间的可能性条件。

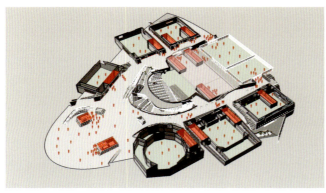
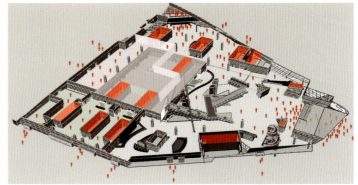
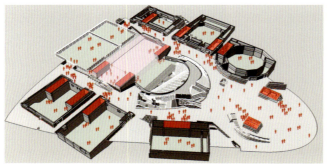
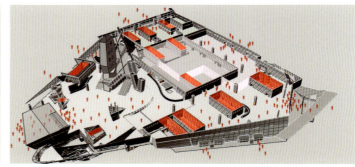

更精准、更舒适的绿色建筑

文／叶金华 张雅茗 黄蔓青

　　大连国际会议中心的设计紧扣绿色、环保节能、以人为本的主题：楼宇自控、智能遮阳、自然通风、海水源冷媒制冷、真空排水等的技术使用，使它真正成为更精细、更舒适的低耗能绿色建筑。

1. 数字模型平台：

　　建筑设计提供的不是传统平、立、剖面图，而是数字模型，开始接触不太适应，机电工程师也是逐渐进入到模型里，通过模型来熟悉内部空间，快速建立空间概念，只有建立起空间概念，机电专业才能提出应对方案，这是解决问题的基点。

　　室内装饰表皮内腔体空间是机电管道穿行的空间，机电工程师需要知道管道怎样布置；很多风管是布置在钢结构的桁架里，借助丹麦 MAG CAD 机电软件辅助设计，机电工程师可以与建筑、结构专业做空间设计的对接，从二维设计变成三维设计，解决管线怎样穿行，形成三维设计管线综合的概念，最终使机电具备了数字模型对话平台，传统的对话平台是建筑师的平、立、剖面图，而现在的平台就是这个数据模型，工程师们在上面设计就有了可以对话的条件。例如：结构的杆件能不能这样斜，能不能改成那样斜以保证机电管线顺利通过，这些问题目前都可以对话了，原先这些信息说都说不清楚；由于设计师们拥有了此对话平台，彼此间就可以互相提要求，因此复杂工程三维设计是非常必要的。

地下室是机电设计管道最多的地方：暖通空调系统、燃气系统、弱电系统、蒸汽系统、强电压系统、弱电压系统、消防系统、冷水系统、热水系统、污水系统、雨系统等，一系列系统的总干管都在地下室，就造成了地下室各种管道排布交叉密集，采用三维 Magcad 软件进行三维设计，就等于在数据模型中先施工了一遍，针对发现的每个管线碰撞点调整优化，直至调到都不碰撞为止，有效地保障了后期机电施工的顺利进行和工期时间进度。

2. 自然采光设计：

　　该项目外立面为幕墙系统，幕墙轻薄、通透，可以增加室内的自然采光率，屋顶自然光照明部分，分三个区域共 $1500m^2$ 的采光天窗，自然光通过屋顶天花内共 614 个反光斗天窗，金黄色铜饰面漫反射后的阳光洒落到银灰色调的共享大厅内，既营造了温暖柔和的环境氛围，又节约了人工照明能耗。

3. 海水源冷却系统：

　　该建筑的复杂造型及造型的艺术要求，导致空调冷却塔不可能放置在周边环境中，与建筑师反复讨论决定取缔冷却塔，鉴于项目离海边非常近，海水资源丰富，选择了海水冷却，经调研水温比较适合，比冷却塔提供的能效比更高，更体现节能。建筑中利用的海水源冷却技术是一种利用可再生海水能源提供冷却源的节能技术，利用海水源冷却系统间接进行冷水机组冷却。它的工作原理是：冬季和春季海水水温偏低，且水温较稳定，当海水温度低于 10℃时，可不必开启冷水机组，采用海水冷却水系统经由热交换器直接冷却空调冷冻水，供空调系统使用。夏季，开启的冷水机组采用海水间接冷却，通过市政暗渠海水自流引入至地下室的海水池中，经沉淀和粗过滤，由海水泵将海水送入板式换热器中，出水温度为 28℃，换热后海水排入泄洪渠，冷水机组的 COP 值较常规冷却塔 32/37℃冷却水提高 10%，从而达到节能的目的。

4. 地板辐射供冷、供热系统：

冬季的供暖引自城市热网，建筑内多处高大的空间，如果采用传统的热风方式，易造成高空间上下温差非常大，在高大空间内采用地板辐射采暖方式，能大大降低高空间上下的温差，满足人活动的温度要求，而且比正常对温度的感知输入降 2℃，减少建筑物的能耗。特别在国际会议中心不使用的时候，可作为值班采暖，按照计算达到值班采暖室内温度，可以免开空调设备。

夏季以地板辐射供冷，如有大型活动可以提前供应，夜间设计采用小机组运行，供水温度控制在 15 ～ 16℃，供到地埋管里，实际上等于用建筑物的楼板辐射供冷。

5. 空调节能：

剧场部分的空调采用座椅下送风，因静压箱送出的风速比较低，空调噪音非常小，满足歌剧院的声学要求，同时节能效果也比较好。

高大空间上空没有人活动的区域，空调可以不控制，只控制人活动区域的分层空调节能方式。与清华大学的技术合作，运用 CFD 模拟出活动区域夏季的温场情况，依据模拟数据调整方案，最终达到合理。同理也可模拟冬季的温度场。

6. 自然通风设计：

国际会议中心共享空间采用自然通风系统，一层设置 240m^2 电动百叶，顶部天窗设置有效面积为 400m^2 的电动排烟窗。当楼宇自控系统检测到的二氧化碳浓度超过设计最大值时，这两处的窗电动开启，形成空气对流换热——人们在室内活动产生的热空气从顶部排烟窗流出，室外的冷空气从一层百叶窗补入，可以在尽少量使用空调的前提下，充分利用自然通风提供人们呼吸的新鲜空气，从而达到节能降温的目的。该建筑共享空间体积约为 420000m^3，自然通风的换气次数能达到 7 ～ 10 次 /h，基本满足全年共享空间通风换气的要求。

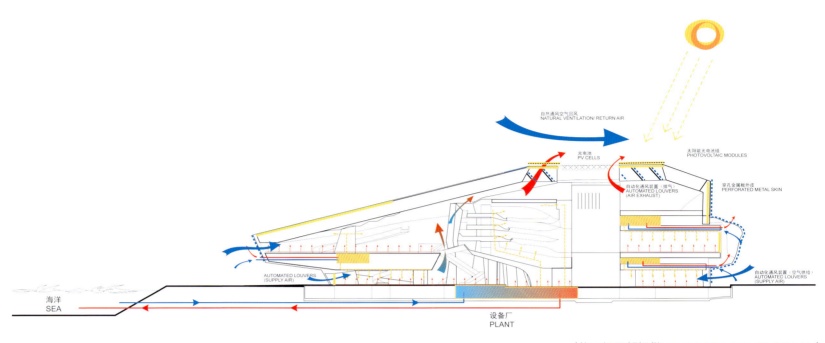

自然通风空气回风
NATURAL VENTILATION/ RETURN AIR

光电池
PV CELLS

太阳能光电池组
PHOTOVOLTAIC MODULES

自动化通风装置（排气）
AUTOMATED LOUVERS
(AIR EXHAUST)

穿孔金属板外皮
PERFORATED METAL SKIN

AUTOMATED LOUVERS
(SUPPLY AIR)

自动化通风装置（空气供给）
AUTOMATED LOUVERS
(SUPPLY AIR)

海洋
SEA

设备厂
PLANT

（蓝天组局部提供 /© COOP HIMMELB(L)AU）

7. 电气节能设计：

　　大连属于太阳能资源丰富区，全年太阳能辐射总量平均值为 4996.30mJ/(m² · a)，具备发展光伏发电的良好条件。大连国际会议中心设计拒绝蓄电池的模式，经设计计算地下停车场及后勤物业部分的日常用电为 110kW 左右，依此数据采用发光功率 120kW 的光伏太阳能发电系统，在屋顶布置光伏阵列。阵列产生的直流电能通过光伏专用电缆输送到逆变器。逆变器将汇流箱以及直流配电柜输送来的直流电能逆变成符合电网的交流电能，并输送给控制柜。控制柜在有保护的情况下，将交流电能通过电缆输送到配电间，从而提供部分支路的照明供电。此项系统与电网电力共同为负载提供电源，减少使用电网的电量，实现节能减排的目的。

　　在灯具的选择上，充分考虑了合理的配光要求，95% 的后勤及办公区选用 LED 灯具 7554 套，能耗共计 109.752kW。比工作面等效光强的传统荧光灯（204.132kW）节约能耗 46.23%；公共区域的 44.54% 的灯具也选用了 LED 产品共 5552 套。同时，室外泛光照明也采用了 LED 灯。

8. 电能管理系统：

　　设计了一整套的计算机联网的能源监控系统，对建筑内的耗能进行实时联网监视，并上传到大连市政府的能源监控中心，可对建筑物的能耗进行数据分析，从而进一步调整能源的合理利用，使用电设备达到最佳运行状态，并实现节能效果。

"五年前的新人"杂感

文／隋迪

在浏览工程文件夹的时候，才惊讶地发现从最后一版施工图至今已有 4 年了。当年第一次用犀牛软件欣赏蓝天组设计时的惊叹还记忆犹新。参与达沃斯施工图设计的两年，对于毕业不满两年的新人是一个使人迅速成长的经历，整个过程充满了挑战，有挑战就伴随着艰辛，但艰辛也代表着收获。

在这个工程中，我的经历可算丰富，自我的定位为"杂家"，先后参与了：消防设计、声学设计、设备管网综合设计、核心筒设计、材料做法表整理等。从卫生间和楼梯画起，跟设备专业设计人员一起费尽心思地"藏管子"；与结构专业设计人员核对确认每个核心筒里每层的各个钢架是否合适；向专业的德国 MBBM 公司学习各种声学措施；从满篇不知所以然的材料做法输入开始；每次配合都让当时的我受益匪浅，因为一切知识都是新的，都是以前工作中没有接触过的。

当时我很是恐慌，每次转给其他专业的资料都很谨慎地核对，因为合作的人众多，稍有小问题，就会有一堆人找上门来。特别是转给其他合作公司的文件，一点的疏忽，都会给人留下整个公司不专业的印象。由于工程进度很快，图纸可能今天审完，明天工地就在施工了，这种情况下，若有错误，就不只图纸上的刮刮蹭蹭那么简单了，当然这些小心，都是在惨痛的经验上总结的，我也曾在转给设备专业的图纸里忘记开坐标图层，导致每个设备的人都拿图来提意见；也曾在一次转给蓝天组图纸时忘记转换版本，外方设计师理解不了为什么图纸中无法显示柱子和墙；也目睹过同事设计的楼梯标高出了错误，一天后工地已经支好模板准备浇筑了，这些经历教会我在今后的工作中更加谨慎。在这个工程中，建筑专业更像一个工作站，接收各个方面的信息，整合后再发送到各个点，并随时跟踪各个支线，工作站要是出了错误，破坏程度不可预测。

　　由于工程进度的要求，院里从不同的设计部门抽调不同专业的人手，一开始工作也经历了一段"磨合期"，同时由于经验不足，刚开始在与其他专业设计人的接触中很没有信心，处理方式也不是很成熟，前期在一些设计对接中，很难保持自己的立场，但同时人也在争吵与争取中迅速成长，也促使我在日后的工作中能够以客观、理性的心态对待工作中接触到的形形色色的人和事。

　　也许在今后的工作中，也将遇到优秀的国外事务所、优秀的设计或参与类似重要的工程，但这些对我个人的影响力，都无法与达沃斯这个项目相比。在一个年轻建筑师的启蒙阶段，能够遇到这个项目，深入地参与这样的工程，与众多优秀的合作方一起工作是我的幸运和缘分。

2

图纸 · 工地
Drawings & Construction Site

第一感觉

第一眼看到蓝天组大连国际会议中心设计方案图时的感觉:

建筑专业: 应从解构理论层面去理解蓝天组的作品, 引领相关专业首先解决找形和定位工作是关键 ——最难的首先是转图, 因为我们也不知道怎么转图, 相关专业一直在等我们转图, 而我们转不出来。我们依据结构概念画了7天, 结构师用了不到2个小时全否定了, 后来我们认为这个工作方法是错误的, 因为建筑师建钢结构的数字模型, 体系和节点的处理是不可控的, 结构师的思维仍驻留在传统的建筑转图方式, 当时我们认为传统的转图对此工程不会有什么效果, 最主要是应共同建立一个数字模型平台, 相关专业对此也是有一个理解的过程, 在压力大的时候各专业工程师都具智慧, 都在思变, 后来大家统一认识, 一起动手建立数字模型平台时, 才是建筑专业真正带动各专业往前走的时刻。

结构专业: 最直观的感受就是太难了, 空间超大、超悬挑、造型超复杂, 不知从何下手去开展工作。

机电专业: 建筑真的很神奇, 刚看到这个项目挺震惊的, 没见到过这种样态的建筑, 同时更感觉建筑师的构思特别神奇, 在我印象里外墙应该是横平竖直的, 这个项目拿来一看全部是曲面, 而且形状跟我们平常见的不一样, 我们首先感受了建筑外表, 然后再想想我们怎么配合相关专业, 我们怎么来实现控制室内温度场, 无论建筑造型怎样奇特, 对机电专业终究影响有限。

室内专业: 感觉就是在室内造房子, 风格与室外一样。

远大幕墙: 见过难做的幕墙, 但这个算是当中的极品。

建设指挥: 等着吧, 按照设计蓝图施工!

结构的设计老总们至今仍记得崔岩总建筑师在项目设计投标前说的话: 此次投标若不中标我会难过三天, 若中标大家会难受三年。

综合上述第一感觉对建筑师最大的挑战是: 建筑师团队如何高效系统地引领和管理控制各专业团队协调工作, 如何让蓝天组的理念和工作观念与国内大环境相协调。

2010 年 6 月 3 日

97

2010 年 8 月 5 日

99

2011年8月24日

101

2012 年 11 月 2 日

103

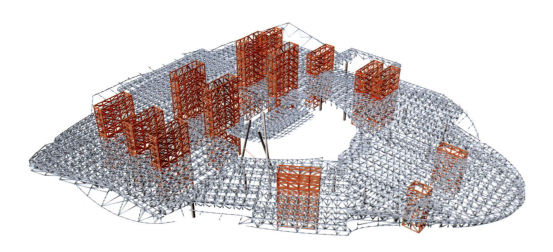

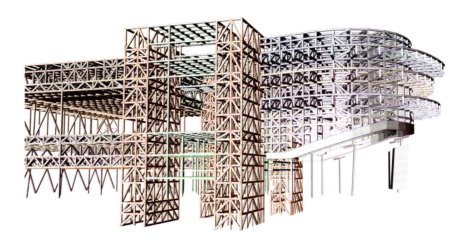

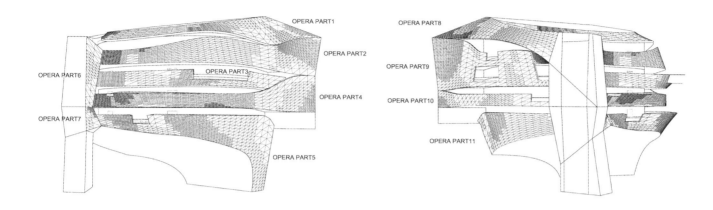

歌剧院（蓝天组提供 /© COOP HIMMELB(L)AU）

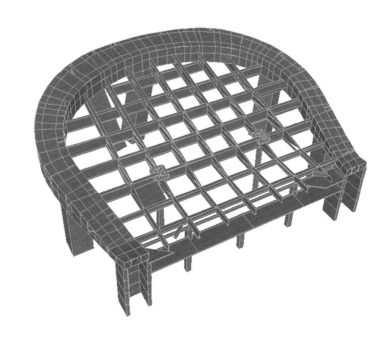

结构成就空间

文／王立长

典型的解构主义建筑空间表达，需要结构工程师团队的积极支持和理解，大连国际会议中心的结构设计是一项特别不同于常规的原创设计，独特的建筑外观造型及复杂的建筑内部空间对结构技术提出了非同寻常的挑战。为达到通透漂浮的空间效果，建筑物尽可能减少竖向承重构件，作为承重体系的 14 个核心筒体和稀柱间的跨度普遍达到 20~70m 距离，最大悬挑长度达到 39m，由此而形成了多筒稀柱支承大跨长悬挑转换平台的复杂空间结构体系，而且大跨度长悬挑楼面都是人员活动密集的重荷载区域，所有会议厅以及大剧院都坐落在 15.3m 高度的大型钢结构平台上，通过钢平台将荷载传递到 14 个混凝土筒体再向下传给基础，在建筑结构领域中，对于这样规模的大型工程全面采用复杂不规则转换结构体系是前所未有的。上述竖向支撑体经建筑师的授意，其骨架形式距离建筑的固定形式很远，仿佛雕塑或某种构筑物，其漂浮的视觉冲击力却又让人为之惊艳和赞叹；巨大的幕墙系统造型浪漫、动感十足，龙骨最长长度达到 70m，许多部位还坐落在悬挑大平台上；大型屋面系统支承在不规则布置的多种形式支座之上，并且悬挂了多部巨大的室内廊桥；多条空中廊桥从头顶上越过，蜿蜒曲折地连接着不同的使用功能空间；建筑物中央的内置歌剧院仅由五根倾斜和直立巨柱通过复杂的转换平台支承在空中，与悬挑钢平台、交通筒体、屋架相连，此种结构的连接冲突和反理性，及对空间的解放，也预示了建成后的空间冲击和空间艺术表现力。建筑师追求的空间理念表达同时也成就了结构设计的六大创新：

创新 1：提出并系统研发了多筒稀柱支承大跨长悬挑转换平台大型复杂空间组合结构体系，形成了关键设计理论与技术。它将下述创新的四大受力体系及高性能构件与节点优化集成为内外部结构协同工作的受力整体，高效合理。

创新 2：提出并研发了变厚度中空钢桁架承重大跨长悬挑转换平台受力体系。有效地将不规则桁架与筒体可靠连接，解决了高位中央大剧院与功能建筑传力转换的复杂受力问题。

创新 3：发明了多重组合筒体抗侧力体系。将不同抗侧力体系和不同特性材料优化组合，具有多道抗震防线。

创新 4：提出并设计了稀疏支座复杂曲面大跨长悬挑屋架受力体系。创新了大型整体球铰支座系统，解决了稀疏支座支承超大复杂曲面屋架集中受力与变形相容的关键技术问题。

　　创新 5：提出并研发了异型折板曲面框架外围护结构受力体系。解决了复杂异形折板外围护结构在复杂受力下与转换平台、屋架连接的技术难题。

　　创新 6：发明了多种抗震和消能减震构件与节点，且经验证工作性能良好。具体节点如下：

A. 利用交通筒作为主要竖向和水平承载构件，结构形式为内藏钢桁架钢筋混凝土筒体，筒体上部设置屋架支座。

B. 钢平台采用型钢桁架，将 14 个筒体连结起来，并向四周悬挑，钢平台中设置夹层，形成局部双层桁架系统以满足建筑功能需要。

C. 在钢平台上设置各会议厅次结构，这些钢结构次结构能独立保持稳定和抗震能力。

D. 歌剧院观众厅部分与钢平台局部脱离，后舞台部分与整体钢平台连接，观众厅由 V 形柱和钢环梁支托起来，以减少对整体结构的干扰影响。

E. 屋架采用双向管桁架，支承于筒体上部，具有足够刚度，满足悬挑和各种悬挂荷载需要。

F. 根据建筑师外饰面方案要求，采用连续曲面框架系统，不同部位采用不同性能的节点，将屋架、钢平台连接成空间组合结构。

G. 钢平台楼板为钢筋混凝土组合楼板，各会议厅上部屋盖为满足防火和隔声需要也为组合楼板。

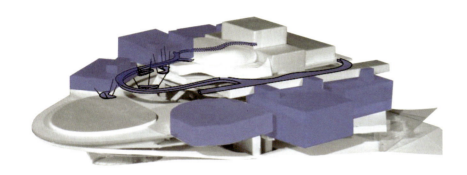

（蓝天组提供 /© COOP HIMMELB(L)AU）

交流互动成就空间表现

文／曲鑫藩

建筑师要求结构师在完成自身设计任务的同时，尝试建筑师的部分工作内容：考虑结构的空间中都有哪些其他专业的管线。由于建筑师设计的内外装饰面板为冲孔铝板，均有透视、透光的效果，并要求结构受力构件体现力学逻辑的美，这是结构师面临的美学难题。另一个难题是配合，需要多专业的配合协同，结构师强调建筑师必须考虑到结构的可行性，建筑师则逼迫结构师熟悉建筑模型，国际会议中心的设计就是在这样相互交流、相互逼迫中进行着，最终结构师实现了建筑师的作品。当然若有充足的时间及结构师一定会优化得更好，但是国情环境下的时间实在是太紧迫了，能做到现有程度已属不易。

充足的难点中的难点——中心剧场和大螺旋楼梯，中心剧场不是常规的钢结构形式，只依靠几个柱子转换不落地的形式特别罕见，当时为了追求建筑师要求的视觉效果，做斜柱子支起来，都是超常规的设计，二层层高特别大，中心剧场上面荷载也特别大，达到柱子需承担的荷载有 7 千多吨，此柱子完全突破了结构的常规形式，这就是视觉冲击的效果，现在看来这个效果特别好，下面是通透的。

螺旋楼梯也是如此，从地下室一直到 10.5m 的平台，像海螺的样态，楼梯一般在建筑里都是简单的构建，但是这里是一道亮丽的视觉景观，效果特别奇特，当然实现起来也特别难，建模型的时候用数学模拟曲线也模拟不出来，后来跟建筑师研究把模型建下来了，利用楼梯的两侧扶手做钢梁，装修以后就相当于楼梯没有支撑地漂浮起来。建筑师要求还要更轻巧一些，结构师就得算得特别精细。

在工程设计白热化的时候，中方共有 80 名设计师的人力投入，蓝天组方面也有 30 名建筑师的投入，为了管理的简洁方便，往往给难点最大的设计部位起外号，就像给人起外号一样，便于记忆和简便的表达管理——三根筷子、桥、海螺楼梯、泡泡都是建筑师赋予建筑部位的外号，这些部位后来大家开玩笑叫结构雕塑，结构雕塑除需有理论支持外，要经过大量的计算分析，做实验来验证，这个项目投入 200 万的实验费用，共做了 9 项结构实验。

关于建筑与结构的专业配合，体现在中心剧场的设计过程中：建筑师最初的剧场创意形式像一个蛋，被几根很细的杆支撑，对结构来讲是很困难的设计，相当于用几根杆件把大剧场撑在空中，经结构计算发现这几根柱子弱，结构师提出新的想法：用两个规矩的四方形桁架，虽然形式略显呆板，但计算后可以实现，建筑师最终勉强接受了结构师的想法，经过多轮次的工作磨合后，双方交流互动得非常快且有效率，建筑师在过程中依据结构原理调整变形，结构师再根据新的变形进行计算，最终的方案应该说是结构是理解了建筑师想要的这种空间变化，双方在理念上达成了一致的结果。

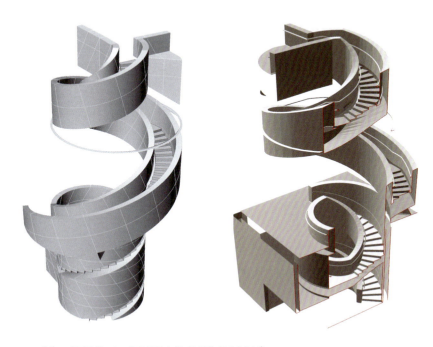

（蓝天组提供 /© COOP HIMMELB(L)AU）

空间解放·中心歌剧院

文／曲鑫藩

　　中心歌剧院是大连国际会议中心设计的精华，蓝天组将 1600 座歌剧院设置于中央部位，歌剧院主看台区与钢平台脱离，舞台与钢平台连接在一起，从建筑艺术角度该方案具有创造性，它丰富了会议中心的内涵，增添了建筑的创新和效果等，但对结构又是一个巨大挑战。

　　蓝天组设想歌剧院看台区由一个闭合体钢结构和两根支柱组成，经过我院几次试算，这种结构仅能承受竖向荷载，在地震作用下非常不安全；主看台部分总质量近 1 万吨，这样大的质量在无约束或约束很小的情况下，摆动非常严重，并且带动整个后台区和与后台区相连的达沃斯主会场区，使整个结构产生不规则的摆动；为此我院与蓝天组多次讨论，提出必须给歌剧院看台结构提供足够安全的支撑，确保歌剧院和整体结构安全，最终形成的 V 字形支撑，与其说是建筑师的创作，不如说是在结构师诉求底线的灵感再现，因此其空间的感染力一定不同凡响。

　　歌剧院存在另一个问题是其外部有很大的悬挑休息平台，悬挑最大的尺度超过 12m。由于歌剧院看台部位层高的限定，大悬挑的休息平台悬挂在歌剧院钢结构上，平台挠度控制非常困难，经过几次与建筑师的探底性的交流，蓝天组最终同意了结构拉杆方案，将几层悬挑看台通过拉杆统一捆绑在歌剧院主体上，悬挑长度也相应减少，看台的挠度和刚度得以较大改善。总之，在结构师与建筑师相互制衡达到平衡点的同时，建筑师原创渴求的空间漂浮感也得以实现。

结构细部（蓝天组提供 /© COOP HIMMELB(L)AU）

表皮空间的塑造

文／纪大海

　　大连国际会议中心幕墙系统在整体结构体系中起着重要作用，它既是围护结构，又承担部分竖向荷载，还参与抵抗水平荷载和地震作用。结构各部位幕墙系统受力不同，其形式也各不相同，为满足结构整体需求，外围护结构在围合建筑物复杂曲面的同时，还要将屋盖与钢平台有机地联系在一起，保证结构各部分的相容性。

　　为满足建筑及结构受力需要，围护结构形式为曲面框架，其少部分落地，大部分采用悬挂方式，与会议厅、平台桁架、屋架相连。在整个建筑物的东、西、南侧各有一个体型庞大的"泡泡"结构，该结构面积大，体型复杂，其受风荷载作用十分明显，因此"泡泡"结构在增加外围护结构体系自重的同时，又传递给围护结构很大的附加风荷载，给围护结构设计带来难度。

　　各部位围护结构的封闭形式不同，包括金属板封闭、玻璃封闭。为保护这些封闭材料在正常使用中不被破坏（尤其是玻璃），设计中通过构造措施加强了围护结构的整体刚度。

　　根据幕墙的受力特征，幕墙结构为钢框架网格结构。幕墙柱构造为格构桁架和矩形钢管两种，矩形钢管用于直接与地面和屋架相连部分柱，桁架用于被会议厅割断部分幕墙柱。承重柱与幕墙柱重合时采用的交叉柱为矩形管。桁架柱承受部分屋架荷载，协助屋架减少悬挑挠度。由于与桁架平台相连，部分幕墙柱又起到支柱作用，但应控制这部分荷载不能传太大（幕墙柱为双向斜柱）。

由于结构外形的复杂性，围护结构自身不能独立存在，需与钢平台、屋盖连接协同工作。

屋盖单独计算结果同屋盖与围护结构连接后计算结果的对比表明，二者连接后，围护结构对屋盖大悬挑部位起到支撑作用。

围护结构为空间框架结构，其法向荷载作用十分明显。框架结构上端多固定于屋架边缘，下端大部分悬挂在钢平台上。落地框架跨度很大，中间部位需与钢平台连接，减少柱跨度，减小框架柱截面尺寸。

西南入口外围结构倾斜角度较大，且曲面框架扭曲。根据建筑功能要求，其落地支撑构件仅为两端两个落地框架斜柱，这两根柱高达70m，如果不考虑钢平台与屋盖结构对此部位的支撑和连接作用，此部位围护结构将成为只有两个支点的巨大的悬挑曲面扇形结构体系，这种结构体既不合理也不安全，故此处将外围护结构与钢平台和屋盖之间建立合理的连接非常重要。

本工程将西南入口处各幕墙柱的顶端与屋架边杆铰接连接，两侧落地幕墙柱的中段与平台连接；柱下端设置截面与柱相当的宽扁形环梁，将各悬挑柱与落地柱刚性连接；各框架柱之间设置与柱截面相当的实腹式水平梁及单向斜撑。经计算，入口左侧的斜撑受压、右侧斜撑受拉，这些斜撑将该入口处幕墙体系中部的荷载传至两侧落地幕墙柱与屋盖；通过上述构造，西南入口的幕墙体系成为上端与左右两端简支，下端自由的空间曲面框板架结构体系，为下端建筑艺术的塑形创造了条件，达到建筑师强调的西南入口具大地生长出的空间感。

中国国家游泳中心（水立方）、中国国家体育场（鸟巢）、中国国家大剧院、广州歌剧院、德国慕尼黑宝马世界、悉尼歌剧院等项目都具有大尺度的非几何复杂空间外壳结构体系，但其内部结构都为常规钢筋混凝土结构体系，相对而言，大连国际会议中心的内部同样为大跨度钢结构体系，大悬挑、大型变厚度中空钢结构转换平台、中心剧场、吊桥等结构的复杂程度几乎等同于外墙和屋面结构。同时上述工程尽管外形复杂，但其内外分开，受力明确。大连国际会议中心内、外结构不可分割，形成空间组合体，共同抵御地震、风、温度的作用，其受力及变形情况极为复杂；并且 7 个会议厅均不落地，而是坐落于变厚度中空钢桁架转换平台上，其技术难度和复杂程度在国内外均属罕见，极具挑战性。

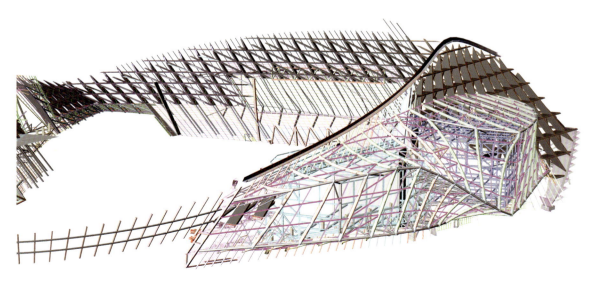

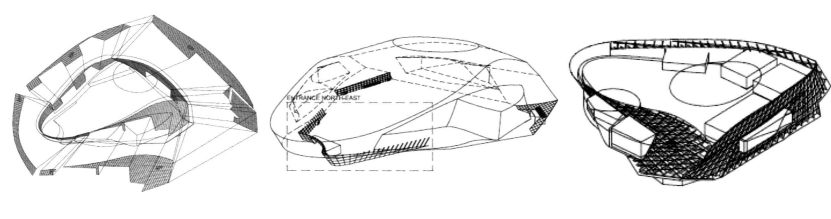

（蓝天组提供 /© COOP HIMMELB(L)AU）

吵架

文／于化龙

　　在工程进展的四年过程中，吵架似乎成了此项目永恒不变的主题，吵架让许多陌生人成为了朋友，吵架让彼此互不了解的团队成为合作伙伴，吵架让东西方文化得到了融合，吵架让业主和建筑师观念上由矛盾到相互妥协，同时吵架也辨别和淘汰了那些技术管理、信誉度不佳的团队和个人。吵架是观点矛盾积累的突破口，也是相互容忍和理解的开始，吵架尤其凸显在设计决策十字路口阶段的理性理解、相互文化包容、对彼此间相互辛勤付出的价值尊重，吵架的源动力始于各专业团队承诺实现蓝天组设计理念的高完成度，至今大吵架记忆仍历历在目。

　　设计院管理层内的大吵架：2008 年 8 月大连市建筑设计研究院投标大连国际会议中心工程初步及施工图设计，动因源自对企业年度战略目标的维护，当然最终的中标价被竞争的相关设计单位相互磨损掉许多。当中标后探究解构主义技术内涵和可能性的高设计完成度被纳入工作内容时，有相当长一段时间院内各设计所无人问津此项目，原因很简单：并非这些职业建筑师所长们对解构主义风格建筑不感兴趣，而是其工程设计需要的设计人力资源和漫长的工作周期势必影响设计所的产值和绩效考核，在当前国内设计院的市场管理运行机制下，设计所接受此类项目，还存在影响年终员工收入的潜在风险；最终经院内高层决策：各设计所抽调人力组成联合工程项目组，由院统一管理，当然被院相中的专业人员均是设计所业务的骨干，各设计所所长与院决策层的博弈形成了全院大范围的争吵，吵架的最终结论：大家形成共识——此项目应着眼于大连市建筑设计研究院人力资源的未来，设计院的工程履历上不可缺失此项目。

　　中外设计团队的吵架：与蓝天组的合作在一开始是十分艰难的，中方设计团队懂德语的人很少，通过翻译转述的交流内容常常被彼此曲解，由此引发观念冲突的吵架频频发生。此类密集争吵持续了两个多月，后来，双方在争吵中相互妥协，坚持彼此面对面的交流，通过草图和英语一点点地沟通。直接交流的结果：让中方建筑师收获到蓝天组对于空间和理念的真正解读，语言的困难还是小事，最难适应的是与奥方设计管理模式的对接。在 2008 年，无论犀牛软件还是参数化设计，对中国建筑师而言都是新鲜和陌生的，蓝天组的工作方式更是让人耳目一新，在方案之初，他们就通过手工制作小

比例模型推敲建筑形态，进而通过三维扫描仪将成果模型扫描入计算机，并在软件中进一步优化建筑形态，再将电子模型输出给三维打印机或泡沫模型机等模型机器，得到实体模型。外形确定以后，开始制作大比例的模型，讨论室内功能配置以及室内空间效果；对于局部的设计则通过制作相应的局部模型来推敲，每一个模型都服务于一个特定的目的。这种设计方式，既强调手工设计的灵活性，又充分借助于计算机的精确性和便捷性，使建筑师能够借助科学的手段，使设计合理化、具体化和精确化。这种与以往设计经验完全不同的全新模式，一度让中方设计团队难以适应；蓝天组提出的很多结构极为复杂，中方觉得根本难以实现，从而在彼此吵架和相互冲突中提出异议；吵架也深深刺激结构工程师的自尊心和责任心，经工程师团队加班加点反复科学严谨的推敲和再研究，最终努力完成了结构模型设计平台。经过半年多的吵架磨合，直至 2009 年 6 月，双方的合作开始渐入佳境，大家坐在一起讨论各种空间结构该怎么做，从提案、讨论、草图，到模型和实样，方案一点点地细化发展，中方团队的参与感也越来越强。在此过程中，蓝天组专业而细致的设计流程以及大胆提案、小心求证的工作作风赢得了中国同仁的一致赞赏。

　　中方设计团队内部的吵架：在这个项目中建筑的审美艺术是根植于西方文化与创新设计，参数化设计技术手段与新材料的融合对中方建筑师团队来说也是全新的内容，中方建筑师团队既是以 C+Z 建

筑师工作室为主体，建筑师们首要的工作是像向导一样，引导结构、机电团队熟知和掌握参数化设计的工作方法，建立有效的工作体系，完成其对各自专业的阐述和设计，并通过计算机设计平台、模型、图纸、管理文件体系确保专业施工的精准定位和建造，为新材料间的高完成度的组合提供条件；上述工作性质需建筑师游离于各专业之间，专业间的矛盾冲突博弈与制衡，再叠加上不合理的时间因素，火药味弥漫必将导致吵架，往往一句非建筑专业间不经意的口头禅"建筑师没转条件图""等建筑师最终确定了再设计"建筑师为什么老替蓝天组说话你到底是哪一边的？"按中国规范要求设计，别理老外的空间理念"没有时间了，别追求建筑师的完美了？"建筑是遗憾的艺术，既符合规范又简单，就这么定了吧"等语句，就会成为中方设计团队内部吵架的导火索！

　　与供货商、厂商之间的吵架：新技术、新材料的引用也是围绕着蓝天组设计理念的阐释，A5 系冲孔铝板、建声浮筑减震垫、A2 级防火软包饰面、多品种的防腐涂料、可变电动隔声、吸声幕帘、电动防火窗、复杂铸钢节点、定型设计的灯具等材料的加工、采购、建造，均需要以同等质量、技术参数的国产或合资产品替代的工作，甚至需重新整合生产工艺，以求降低造价，符合设计要求并高质量地完成设计，这个过程贯穿了建筑师和室内设计师团队工作的始终，并且是最重要和繁重的工作，具体工作以考察学习、收集信息、查询讯息、研究、咨询、专家论证、试验、讨论交流的形式体现，同时建筑师还需要多方位、多专业的协调和沟通，游历在业主、蓝天组、总包施工之间，在坚持和妥协的坚韧工作中寻求制衡推进项目，理所当然吵架会贯穿始终。

　　在施工现场的吵架：政府工程在中国似乎都难逃边设计、边施工的命运，运用最短的时间，完成最不可能完成的任务，也成了中国工程界的惯例，为了进一步加快施工进度，工程内装施工由九家施工单位施工不同的标段，即设计师交代一个通用的问题，九家施工单位工长都需确切的理解，九家单位若有一家出现设计理解的错误，建筑的完成度即会出现瑕疵，中方建筑师团队自 2010 年始，工作的重点由施工图设计中的控制和协调，转向施工现场的控制和协调，以确保作品的高完成度，在工期的压力之下，业主和总包及供货商往往被迫致力于简化设计，片面地降低造价和缩短工期，中方建筑师在坚持和妥协的争吵博弈中，维持设计的原创生命力。不过最尴尬的吵架是来自于建筑师团队内部，有时中方建筑师的妥协，往往引起外方建筑师的不满，由于中西方建筑师考虑问题的理念和方法的迥异，产生误解和误会，而引发中外建筑师团队间的争吵。在项目进行至白热化阶段的 2012 年，整个中方设计团队进驻现场，当场监督，就地就时解决随时发生的现场问题，同时中方建筑师还要积极地协调和弥补施工图设计阶段各设备工种配合未到位产生的技术问题，努力控制各相关专业的协同设计，诸如钢结构深化节点设计、幕墙专业深化设计、建筑声学、室内设计、弱电系统设计、舞台机械设计、灯光音响设计、标识系统设计、消防设计、施工工艺的深入理解以及对于供货商产品的工艺调整设计，鉴于中国建筑业目前的运行机制与施工现状，工业化产品保障体系和行业标准体系的现状，以及建筑师对其他各部门调动能力受限的现状，建筑师所能依赖建造高完成度的实现手段，只有进驻现场这唯一有效的途径，当然也是最后的途径。

协同设计的力量

14万 m² 建筑面积，对于住宅小区只能算中等规模，对于超高层可以简化为若干标准层，对于厂房更是简单的合理柱网排列，而对于国际会议中心项目，却是由一个不规则的外形，剧场、会议等复杂功能，宾客、后勤、媒体等不同的流线所构成的一个城市综合体。

建筑设计是讲究团队的合作，如果按照常规的工作习惯，我们会这样分工，地下室一部分，平面一部分，放大图一部分及立面和剖面一部分，分别由不同的建筑师设计深化，过程中遇到问题会简单沟通一下，定期地给各专业转图纸，最后每位建筑师各自出图就基本完成了一个项目。但是，面对国际会议中心这个项目时，我们茫然了，因为在分工时就遇到了麻烦——咋分啊？按层分？这个项目中楼层的概念变得十分的模糊，经常是大空间套着小空间，小空间套着辅助夹层，最后只能用相应的标高来作为平面名称；单独画放大图，也不现实，设计的过程中方案也在不断地变化，楼梯需要到达的位置经常变动，要等所有定好再做放大，时间就要了命了；而立面这方面倒是最简单的，用蓝天组的犀牛模型导出 CAD 格式，加上标注就成。如果真按老套路，会有些人累死而有些人闲得要命，最后还不一定能按时完成任务，更不用说因中间过程中的传达遗漏造成的隐患了。

幸好 AutoCAD 里的一个功能成了我们的救命稻草——外部参照，所谓的外部参照就是当把一个图形文件作为图块来插入时，图块的定义及其相关的具体图形信息都保存在当前图形数据库中，当前图形文件与被插入的文件不存在任何关联。而当以外部参照的形式引用文件时，并不在当前图形中记录被引用文件的具体信息，只是在当前图形中记录了外部参照的位置和名字以及图层状态，当一个含有外部参照的文件被打开时，它会按照记录的路径去搜索外部参照文件。如果外部参照原文件被修改，含外部参照的图形文件便会自动更新。

这样做有四个优点：

1. 保证各专业设计协作的连续一致性：

外部参照可以保证各专业的设计、修改同步进行。例如，建筑专业对建筑条件做了修改，其他专业只要重新打开图或者重载当前图形，就可以看到修改的部分，从而马上按照最新建筑条件继续设计工作，避免了其他专业因建筑专业的修改而出现图纸对不上的问题。

2. 减小文件容量：

含有外部参照的文件只是记录了一个路径，该文件的存储容量增大不多。采用外部参照功能可以使一批引用文件附着在一个较小的图形文件上而生成一个复杂的图形文件，从而可以大大提高图形的生成速度。在设计中，如果能利用外部参照功能，可以轻松处理由多个专业配合、汇总而成的庞大的图形文件。

3. 提高绘图速度：

由于外部参照"立竿见影"的功效，各个相关专业的图纸都在随着设计内容的改变随时更新，而不需要不断复制，不断滞后，这样，不但可以提高绘图速度，而且可以大大减少修改图形所耗费的时间和精力。同时，CAD 的参照编辑功能可以让设计人员在不打开部分外部参照文件的情况下，对外部参照文件进行修改，从而加快了绘图速度。

4. 优化设计文件的数量：

一个外部参照文件可以被多个文件引用，而且一个文件可以重复引用同一个外部参照文件，从而使图形文件的数量减少到最低，提高了项目组文件管理的效率。

这些优点听起来确实很诱人，但是实践操作的过程就没那么顺利了，因为大家都是第一次采用这个平台，在相互磨合的过程中出现了不少问题。

首先就是绘图标准的问题，虽然公司有统一的制图标准，但是面对复杂的实际情况显得有些不够用，如果任由每个人自成一派，那最后的组合文件里就会有眼花缭乱的图层，大大小小的文字，粗细不一的线型，所以首当其冲的任务就是建立一个项目标准。其实完成这项任务不需要人工，用 CAD 的标准文件 dws 格式即可方便完成，它的里面保存了图层、标注样式、线型、文字样式信息，画图时可以将图纸与特定的标准文件关联，关联后如果图中设置与标准文件不符，CAD 会提示，并且可以设置自动修复、使用标准文件设置。工作到最后的实际情况是建筑、结构基本都有了自己的标准体系，但是设备专业相对就差了一些，没办法大家相互体谅一下，只能由苦命的建筑师来帮助维护了。

这样统一的平台搭建好之后，就是每个人之间图纸接口的问题，所有的图纸都有一个固定的原点坐标，来保证合成图中的位置准确，相邻区域交界处一般放在核心筒、楼梯、转角等位置，这是为了不同区域可以严丝合缝地对接在一起。

在每个人的细心呵护下，我们的参照文件渐渐丰满起来，剧场、六个会议厅、十四个核心筒，各个卫生间、公共空间、表皮幕墙系统等，形成了一个庞大的文件系统，在一年多的设计过程中，这个系统经历了无数次的方案修改、内容深化的考验，最后成功地完成全套建筑施工图的处理，这样大规模的协同作战也使我们这个团队更紧密地联系在了一起。

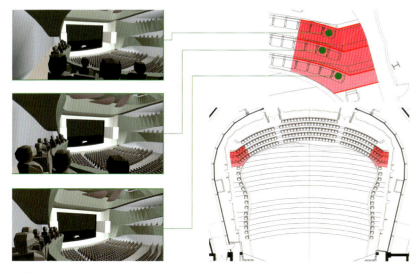

歌剧厅视线分析电脑模型图

（德国 MBBM 声学顾问公司提供 /© Müller BBM）

大连国际会议中心项目拟用声学材料及性能指标一览表

生产商	品牌	材料型号		材料照片	性能指标
美国陶氏化学	Ethafoam	2222			刚度：$S' \leqslant 55MN/m^3$ 撞击声改善量： $\triangle Lw \geqslant 18dB$
奥地利 Getzner Or 洛赛声学	Sylomer /Flocell	SR55			刚度：$S' \leqslant 20MN/m^3$ 撞击声改善量： $\triangle Lw \geqslant 26dB$
	Sylomer /Flocell	SR28	6mm 厚		刚度：$S' \leqslant 20MN/m^3$ 撞击声改善量： $\triangle Lw \geqslant 26dB$
		SR55	12mm 厚		
洛赛声学	Flocell	FC			硬度（IRHD）：60 具有隔音效果
奥地利 Getzner Or 洛赛声学	Sylomer /Flocell	FC			刚度：$S' \leqslant 20MN/m^3$ 撞击声改善量： $\triangle Lw \geqslant 26dB$
洛赛声学	Flocell	FC			硬度（SH）：66 拉伸强度：3.6MPa

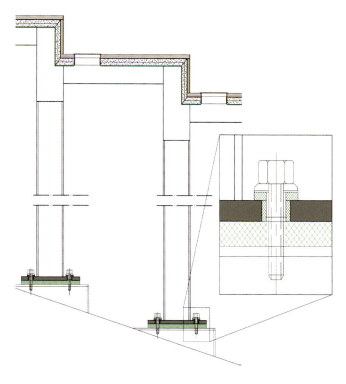

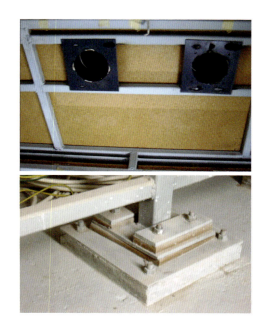

歌剧厅地面结构声学示意图

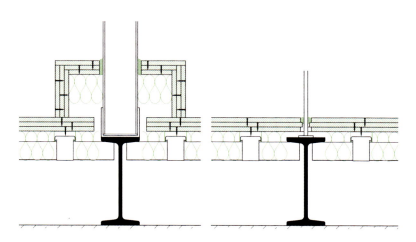

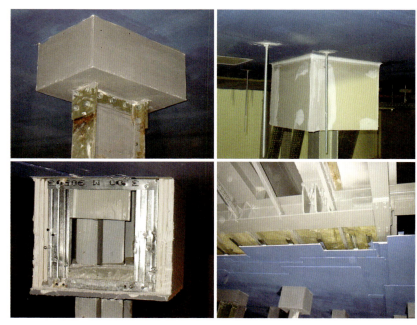

隔声吊顶，用于悬挂安装装饰吊顶及管道等的点式悬吊承载系统，
声学构造及安装实例图

A5 冲孔铝板飘带样板

A5 冲孔铝板三角锥样板

主石材广西石矿工作现场

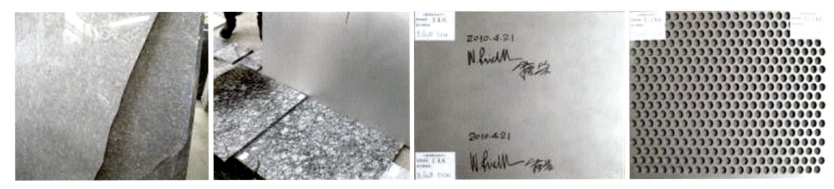

地面石材选样

A5 冲孔铝板三角锥样板

与德国 MBBM 公司合作剧场装饰金属板建声测试

3 建成的模样
Built Appearance

认识

对蓝天组的认识只是通过国际会议中心的项目开始的，此类型的设计只是由于扎哈的名气太盛偶尔关注过，心中潜意识里的天圆地方、海纳包容的思想形态决定了审美的方向。工作的乐趣往往很奇怪——痛苦开始，直到最后的融洽满足。会议中心的设计也如此展开了。

开始的痛苦比想象的要猛烈得多。设计周期的紧促，语言沟通的障碍，工作方法的建立，设计团队的组织，都是枷锁。最致命的还是对于这个建筑的空间形态的理解。建筑师最引以为豪的空间感被这个方案冲击的支离破碎，如何在这个没有一条连续直线的空间里找到心中固有的秩序，影响着建筑师的信心，也是建筑师引导其他配合专业开展工作的前提。彷徨中士气很重要，方案建筑师甘心为别人的理念服务是一件无奈的事情，心理障碍是个大问题。无序的忙乱中突然猛醒：用功将这个项目原滋原味地实现，将它作为一个实体模型去体会，站在其中感受它对于建筑师来说是对建筑精神的最好追述。心态平和后，工作变得顺畅了，犀牛软件的熟练运用与计算机工作站联合制图平台的建立使方案的深化逐渐清晰。蓝天组建筑师谦虚礼貌外表下隐藏的一丝骄傲也渐渐地变成了一阵阵真诚爽朗的笑声，大家在学习争论中一起勾画着这个建筑的未来。

细细品味蓝天组的设计方法很有意思。建筑师的灵感直接转化为概念性的实体模型，随后三维扫描仪将概念实体模型转化为矢量计算机三维模型。在三维模型的基础上注入建筑功能与构造等因素细细雕琢，反过来再使用三维打印机形成实体模型进行进一步的直观推敲。这种以模型为基础的方案推导过程不断刺激着灵感的迸发，同时也在稳步地夯实着方案的可实现度。而负责每个阶段的建筑师也

体现着自己鲜明的特点，张扬的个性／理性的逻辑／娴熟的工艺都恰到好处地契合在每一步工作中。传统的二维建筑图纸在这里变得简单了，在三维模型里任意切割就会得到我们想要的图纸数据，这时候虽然还是不太理解这种设计的思维模式，但是如何表达它的心中迷雾打开了，心里很清爽。

　　随着项目的深入，量的积累促使质潜移默化的变化，对于这个建筑开始有了心里的感触。原来那些毫无秩序的线条开始有了韵律。渐渐感觉到在这个巨大建筑外壳里包裹的是一个错落有致的建筑群落。空间中每一条跳动的线条都是相互顺应的，延续着相同的气场流动，流动的线条切割出功能性的建筑形体，而每一个建筑形体的错动也自然地围合出不同的变化空间，这些空间向上蔓延与建筑的外壳碰撞又挤压出另一个上部的气场，这个气场的流动也正是建筑外形的轮廓。流动——围合——流动：似乎是在中国北方围院的聚合中加入了江南园林的曲径通幽，错落出高低变化并且相互流动的立体空间。不知道奥地利建筑师是否研究过中国的哲学，还是中国的哲学过滤了这个建筑。就好像美妙的文章都会不经意中带给读者连作者都始料不及的感受吧。记得曾经问过蓝天组的建筑师：这个建筑的设计构思是什么？他们轻松微笑地回答：就是海浪吧，建筑正对面大海里飘动的海浪。或许设计真的无须深涩的理论，只要能够返还自然，就能拨动人心 ……

　　建筑设计不同于其他的艺术产品。再眩目的设计也要生根落地。建筑师不仅应该具备先天对于美感的嗅觉，后天对于建筑的淬炼同样是至关重要的。建筑的每一个部分在建筑师眼中都是细节：幕墙、室内、景观、灯具、家具、指示标牌甚至消防水炮都被选型成体感硬朗的"变形金刚"，透着机械的美感。每一个深化草图的形成都凝聚着建筑师的敏感，而它的落实又蕴含着建筑师锲而不舍的精神，建筑精神的交流，建筑精神的引导都是一门功课——一门建筑成功的必修课。看多了蓝天组的 CAD 图纸，不知不觉中体会到制图其实也是建筑设计的一部分，线条的质感与颜色同样也在表达着建筑本身的品

格。在方案制图中一味地追求效率将失去创意灵感的延续。在实用性的 CAD 建筑图纸中创造情境可以说也是这次项目合作中的心得了。在建筑方案的深化直到施工图的完成过程中，文件记录体系的应用起到了关键的作用，虽然建筑师天生对于表格缺乏敏感，但是蓝天组新颖的工作记录文件从一开始就触动到了我们的神经。在设计构思的每一次转变或是各专业每一次技术的推进中，工作记录都详细的记录了诸如时间、人员、技术数据、相关参数以及解决状况等信息，在文字的基础上也包含着相关的图释。这些连续直观的记录文件有效地控制着项目的顺利发展，使得复杂的实现过程变得逻辑清晰。

项目走来已经 5 个年头了，想想对于这个建筑的内质似乎还是游走墙外，未能窥近堂奥，应该是自己潜意识里一股不想动摇的习性和不想妥协的坚持吧。但是多领悟了一种手法，可以释放心中的梦总是好的。那天在建筑现场闲走，偶然听到一个男孩的电话：我的位置就在东港那个奇怪建筑的门口。突然心里荡过一丝莫名的成就。

重新理解 "设计之都"

文／崔岩

材料设计成就完美细节：

　　大连国际会议中心面向公众的部分达 9 万 m^2，因此设计团队很快面临结构挑战之外的另一大难题——超大空间下单一材料的表现问题。考虑到滨海气候的缘故，建筑的外观及室内采用纯粹简洁的金属铝单板，经中外建筑师和幕墙顾问工程师精心研究和试验，最终选定 3mm 厚阳极氧化金属铝板本色；金属铝板作为包覆整个建筑内外的主要表皮装饰材料，在超大空间使用同一种材料，尽管非常简洁，但也容易导致建筑缺乏生气和质感。如何解决在超大空间中单一材料的表现力，如何加强单一材料的质感、色彩、光感表现的变化？这是大家一直头疼的事。由于项目建设周期较短，设计团队参考借鉴了蓝天组在德国宝马世界的成熟做法，通过对金属铝板的阳极氧化层处理和板面冲孔孔率的不同加工方式，来突出建筑的光影质感，丰富设计细节。铝板经冲孔处理后，视觉感受上变得十分轻盈，45%的穿孔率让自然光直接进入室内，用阳极氧化铝板构成的吊顶、墙面泛着银灰色冷光，同时满足了造型和采光的要求，窗外就是蔚蓝的大海，大厅内视野通透，柔和的阳光从顶棚铝板反斗天窗照射下来，增加了建筑的光影效果，让室内银色的金属板增添了几分温暖莹润的色彩，经参数化技术方法精心设计的室内外板块间的缝线图案，既是板块间的安装组合缝隙，同时又是被设计艺术化了的构图细部，形成了空间的不确定性连接、延伸、冲突、不调和以及戏剧化的效果。

　　在金属铝板外幕墙系统中，采用穿孔金属铝板和实体板相结合的分布方式，形成质感的对比差异，屋面采用亨特盒式蜂窝板配合直立锁边屋面系统，解决了结构风荷载和冬季雪荷载对超大板块金属面板强度要求的技术难题，建筑设计将装饰面板与排水系统板完全分离并各自独立，装饰面板采用氟碳预辊涂工艺，经多次调色打样，达到与阳极氧化金属铝板本色十分接近，整个建筑通体显得非常纯粹，而精心打造的设计细节又让这座庞大的建筑显得内涵丰富、质感轻柔而细腻。金属铝板被设计成不同的造型——扭转的百叶飘带造型、三角镂空造型、三角棱锥造型分布在建筑的室内外表皮上，在宏观的空间尺度中形成建筑的细部肌理，这一切都成为大连国际会议中心令人回味不已的建筑细节。

声学设计成就完美：

　　全钢结构的建筑由于核心部位内置了剧场的功能，导致对建筑声学的苛刻要求，而钢结构悬挑在造就轻盈玄妙空间的同时，也形成对声音的通透式传导，造成此工程又一大设计的难题。在德国MBBM 声学设计顾问咨询公司和建筑师的配合努力下，通过在钢结构与内装结构间设置隔声减震垫、隔声减震垫结合浮筑混凝土楼板构造、钢桁架主梁灌砂阻尼构造、机电设备浮筑减震台、减震弹簧、减震吊挂件的设计，达到构造全体系的阻隔声音在钢结构间的传导，形成安静舒适的空间声场环境，为剧院的声学高标准设计奠定充足的条件，上述构造方法的核心材料是：12mm 厚重浮筑和 6mm 厚轻浮筑隔声减震垫的选择及构造设计、螺丝帽产品的减震构造，经调研考察国内材料，尤其施工涉及钢结构隔声减震产品极少，国内产品无统一标准，合资企业产品也罕见，在技术引进方面很边缘化，商品受众范围狭小，证明国内建筑声学消费并未形成成熟的产品市场，即使套用欧标的国内产品均需实验室检测验证，这将消耗大量时间和人力成本，综合考虑到声学构造的隐蔽性及国内施工速度和管理现状，最终经业主和设计师共同努力，以公开审计听证会的形式，将中标单位分项工程中的声学材料供应，改为业主主导的商务比选确定的进口产品，以确保声学设计和工程的质量，此项工作耗时最长，也成为此工程的特色之一，但最终理想的声学测试结果为此部分艰辛工作画上了完美的句号。

　　以前去欧洲经常会看到荷兰、芬兰、丹麦、法国、奥地利等国自称是设计的国度，近几年"设计之都"一词人们也并不陌生，原先仅理解表面的意思，设计时尚，理念先进，真正从本质上理解"设计之都"是在两年多的中外合作建设实践亲历中，其中我也反复思考蓝天组的困境和策略——从招投标设计至竣工前期的整改调试阶段，也不过四年半的时间，蓝天组建筑师团队中始终充斥着对中国速度的真实体会和再认识的情绪波动，在感觉惊叹和刺激的同时伴随着不理解和被迫的适应市场，尽管此次设计和建造成就了奥地利建筑文化产品的引进和输入，四年多来其理念受到业主的欣赏和支持，但其工作过程也难逃政府重点工程的边设计、边施工建造的中国特色。境外建筑师的对应策略是依靠成熟的设计顾问团队、欧洲供货商体系的支持（很多产品先在欧洲寻找，再寻找同品牌的国内合资企业或驻中国代表处）、欧洲产品参数标准、实验室标准数据参数体系等成熟的社会设计资源体系，大大降低了设计完成度不高的风险，随着蓝天组作品的建造过程，从内外装饰阳极氧化铝面板至家具、灯具、建筑声学材料等，建筑师与二十几家不同的顾问公司、厂商、专业设计公司联合工作，对每一合作的团队，均有设计的控制及围绕设计的产品工艺优化调整，产品的品质和美观度得到了提升，甚至由于设计而开发了新的产品，原创的设计引领了工业化和跨学科的交融和发展，形成工业产品的输出和品牌的确立;体现设计的科学体系化和设计的引领力量，也是"设计之都"一词的真正涵义。

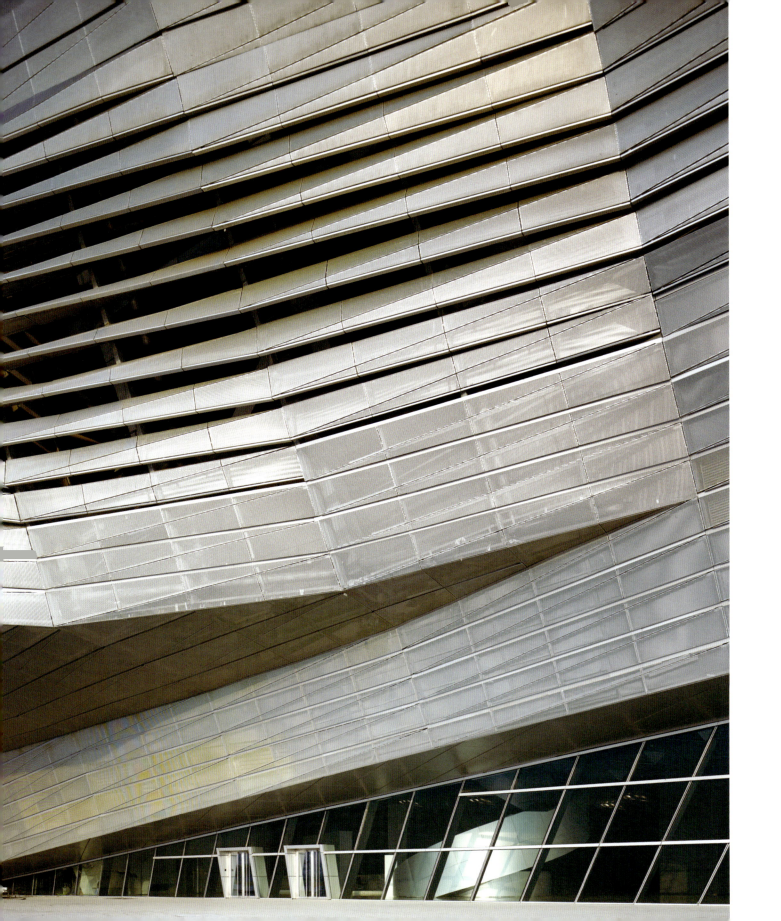

EAST PUBLIC
ENTRANCE
E 东公共入口

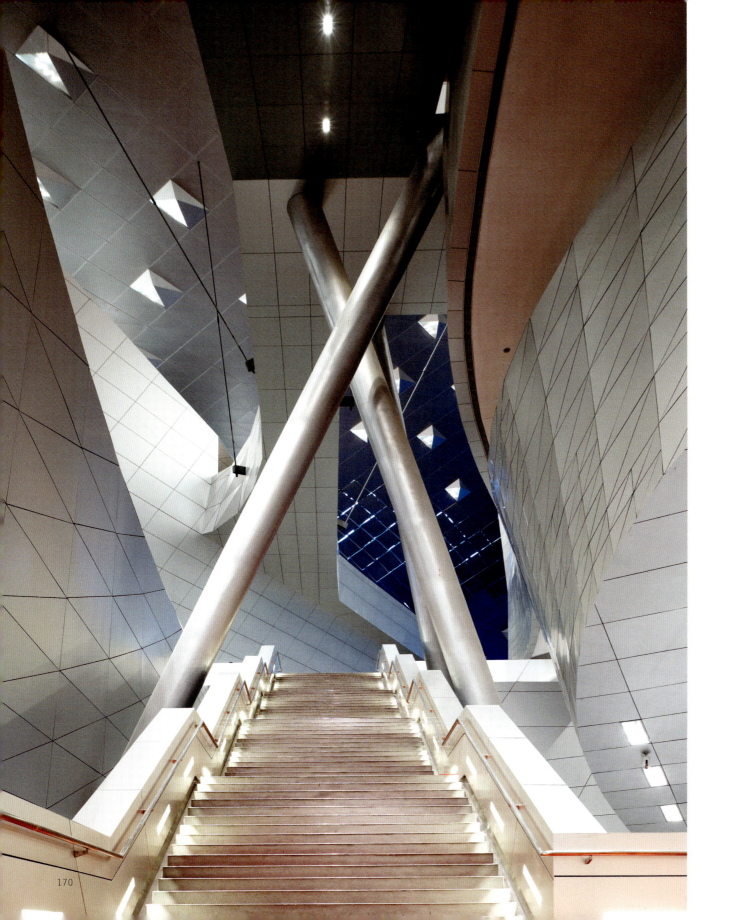

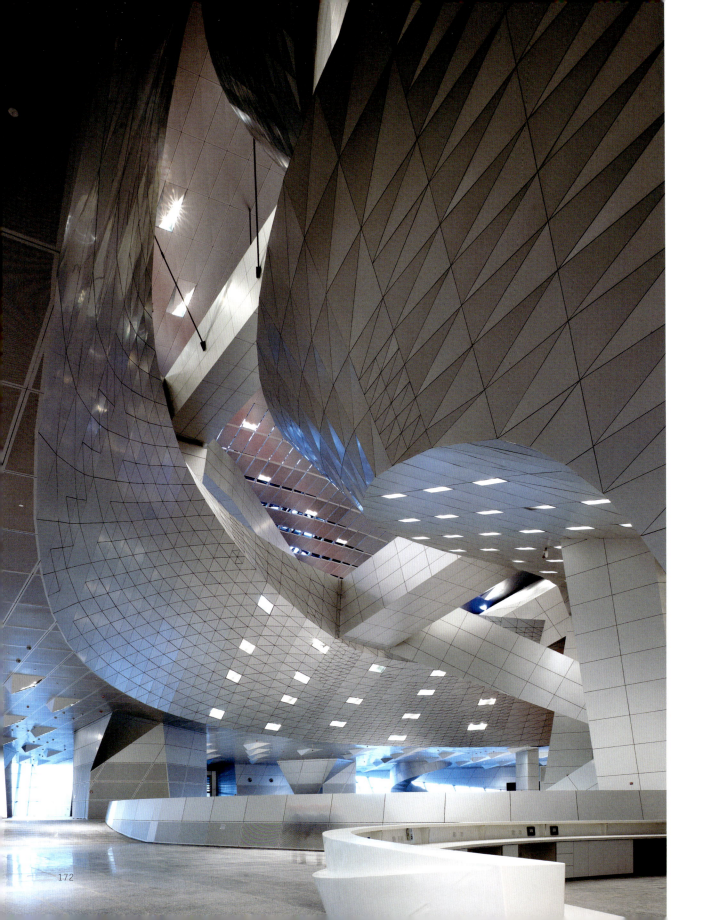

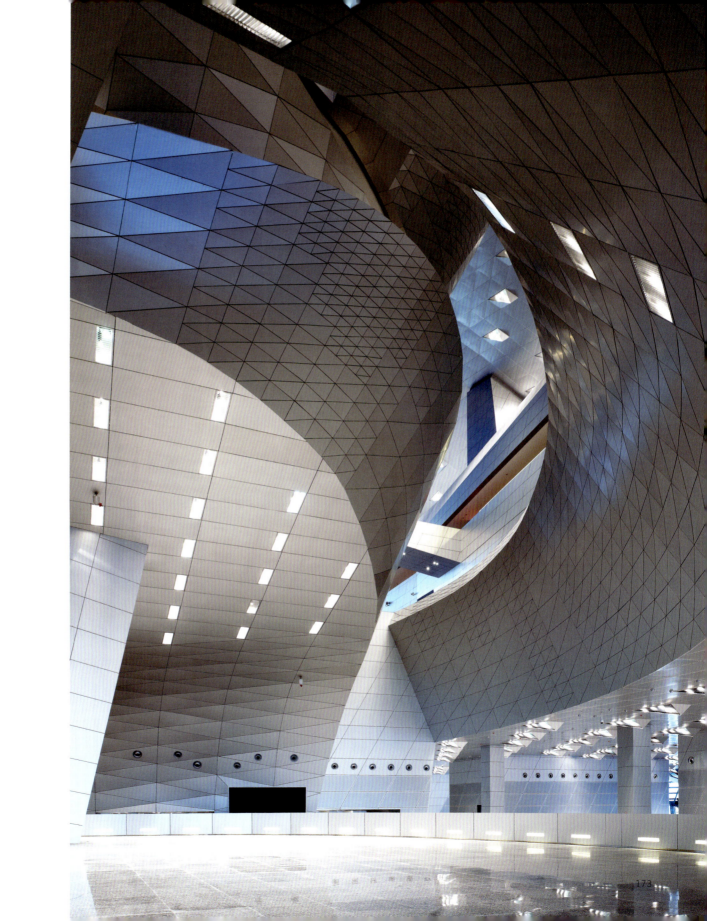

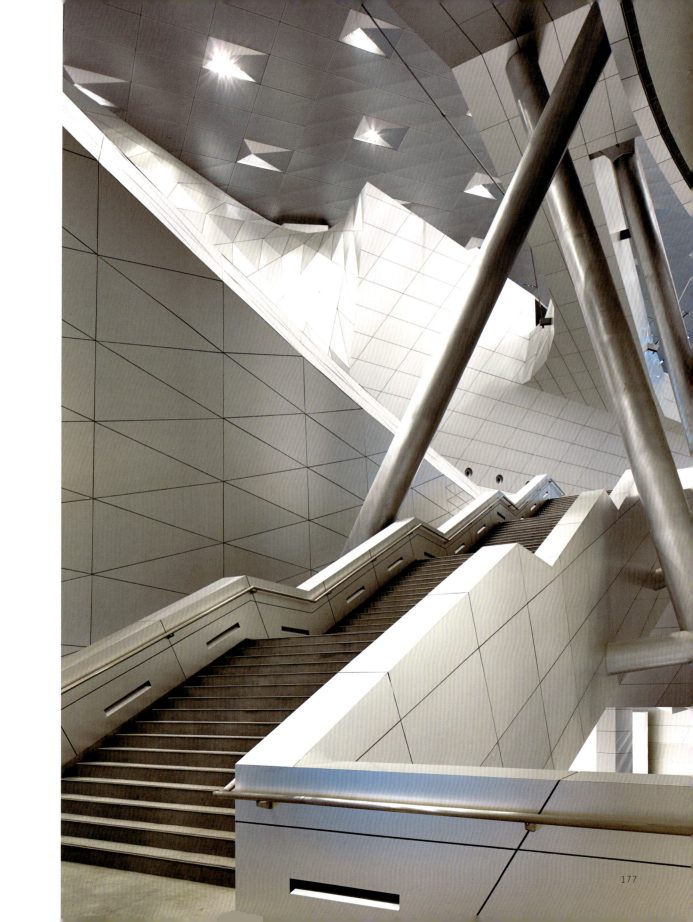

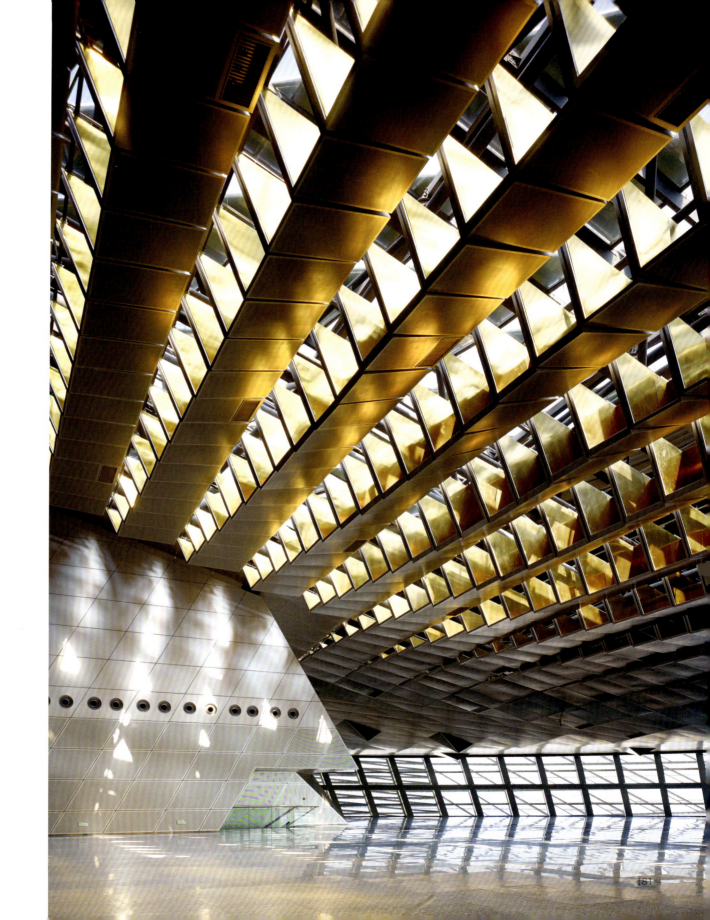

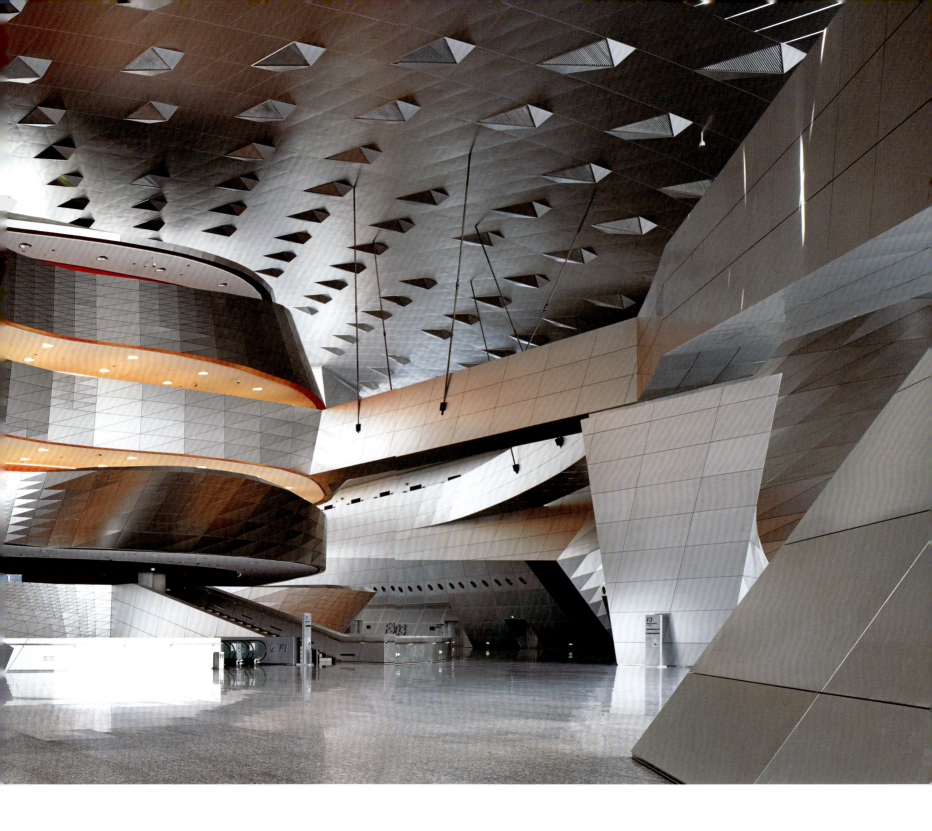

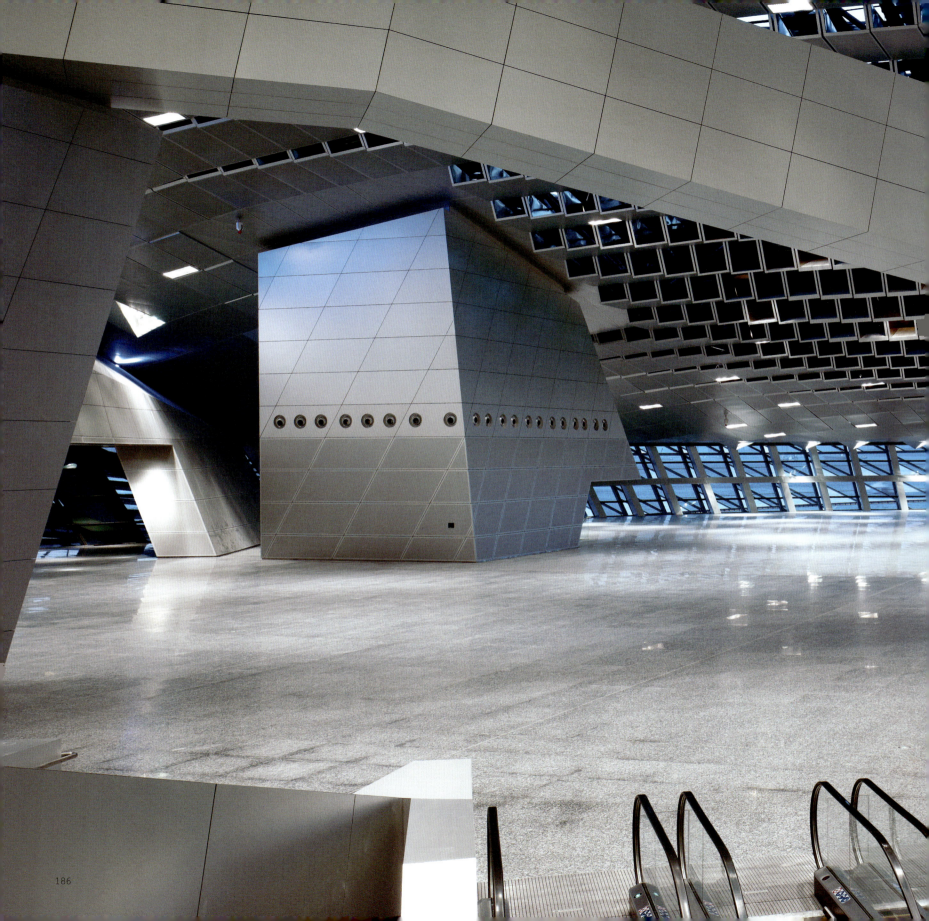

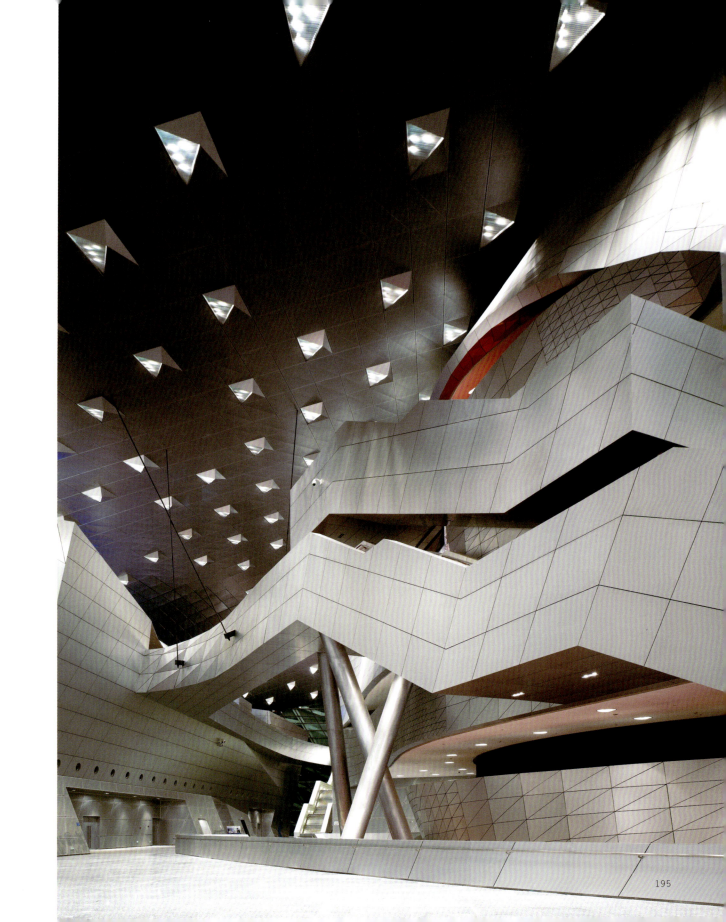

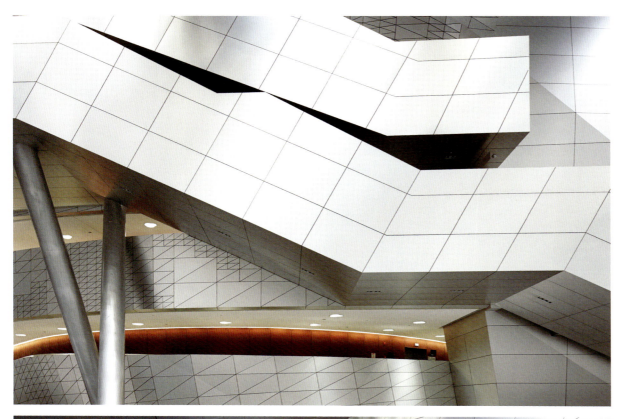

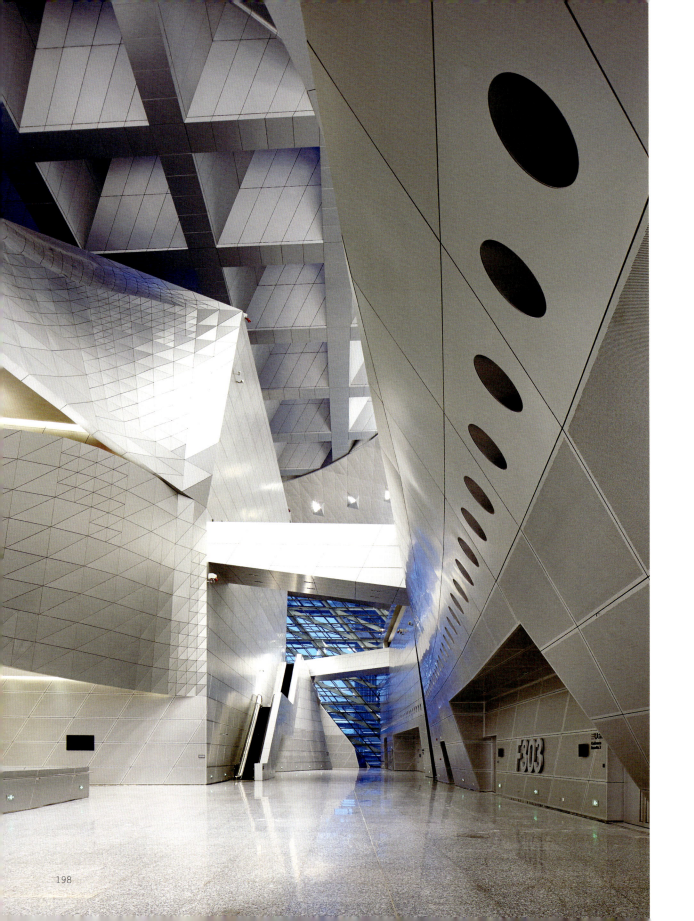

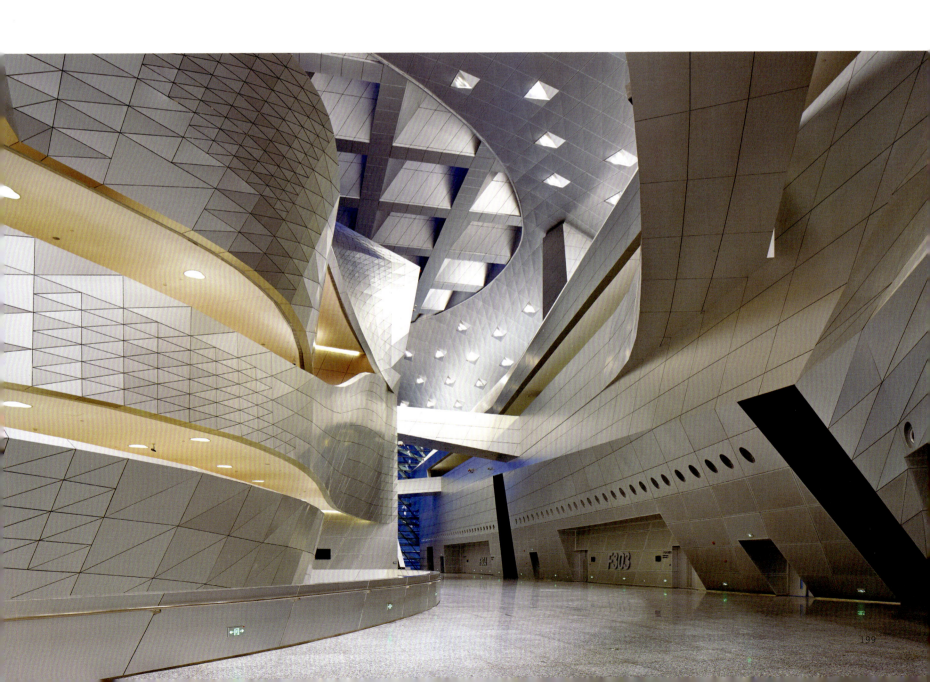

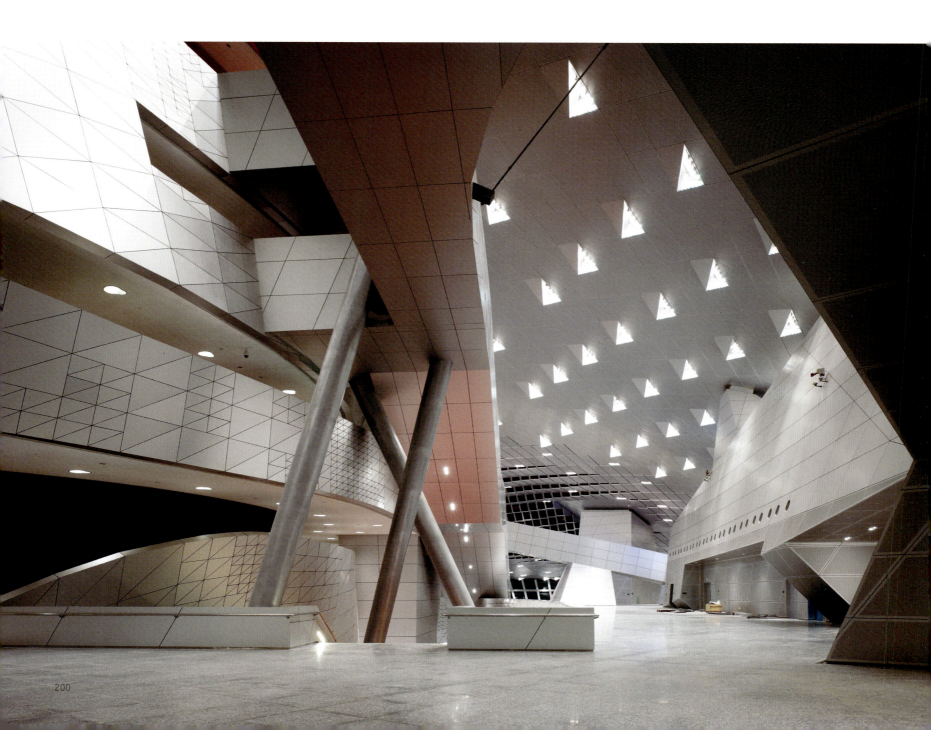

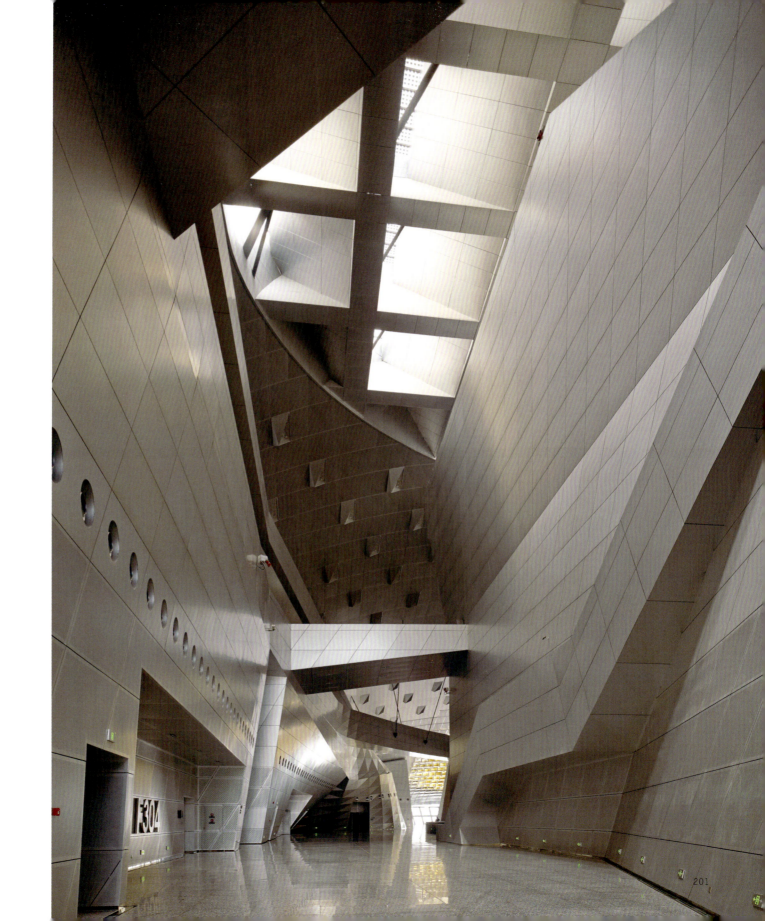

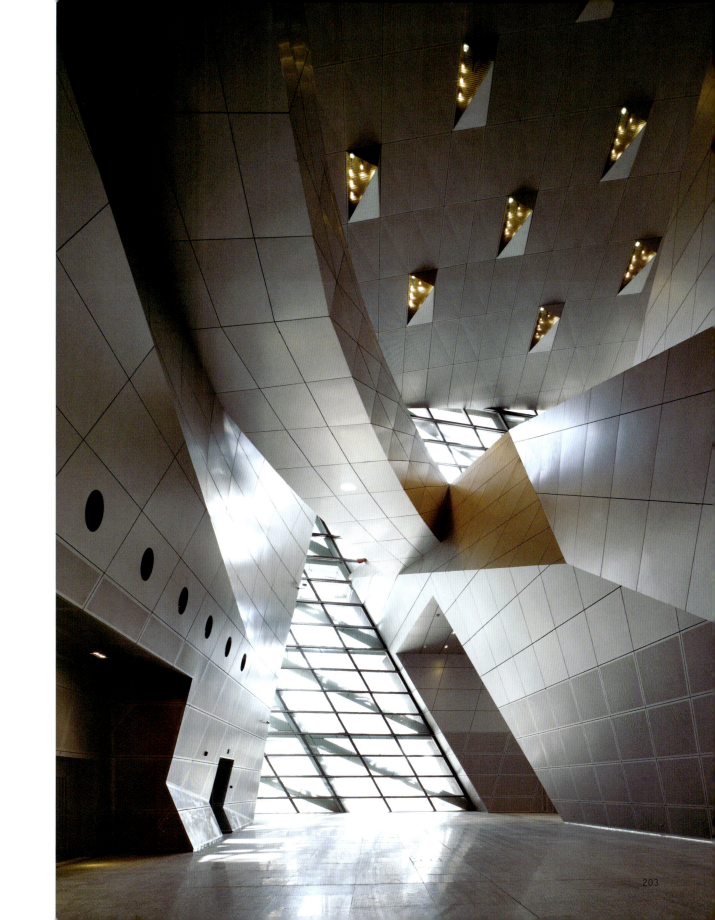

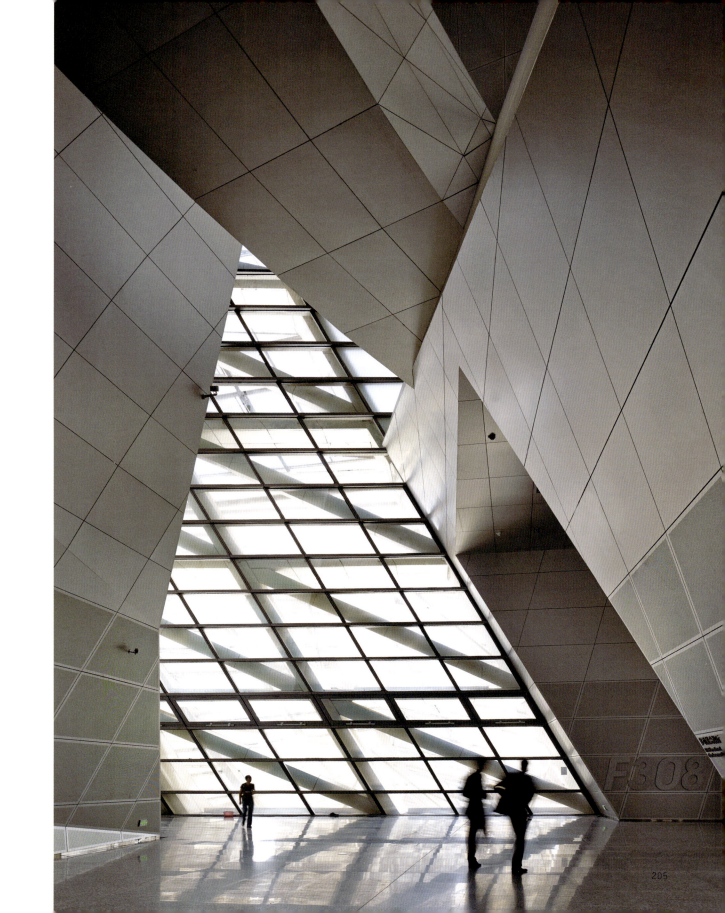

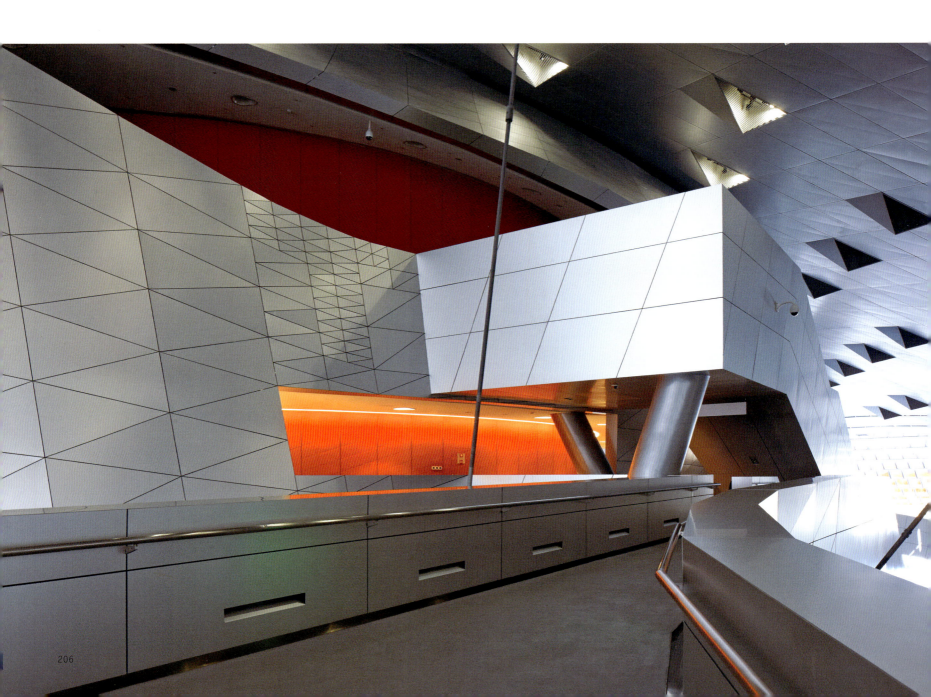

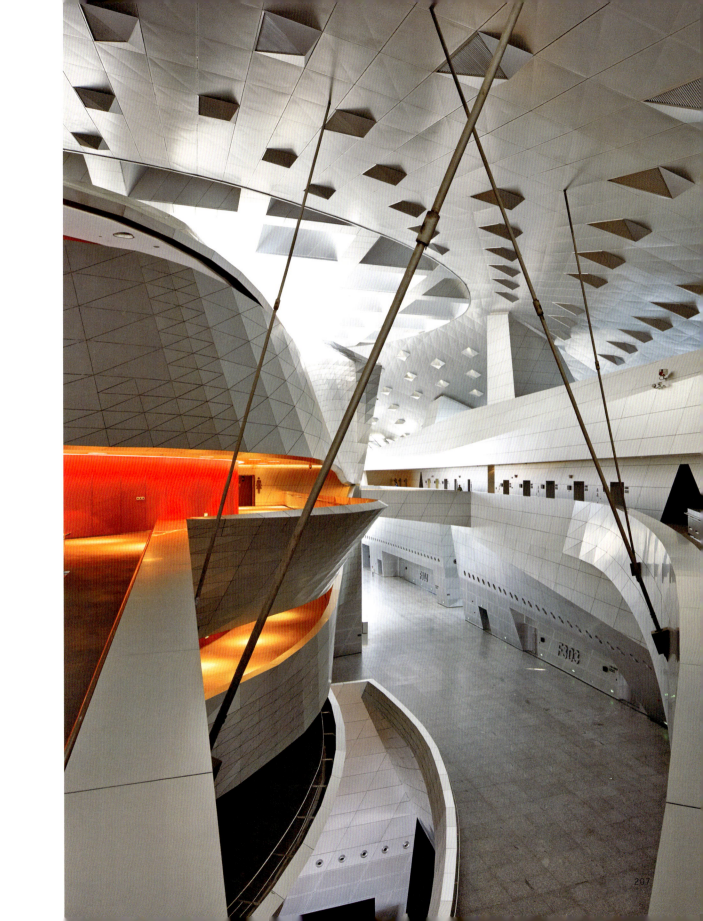

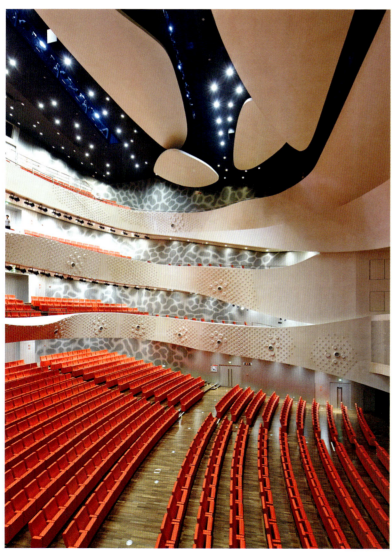
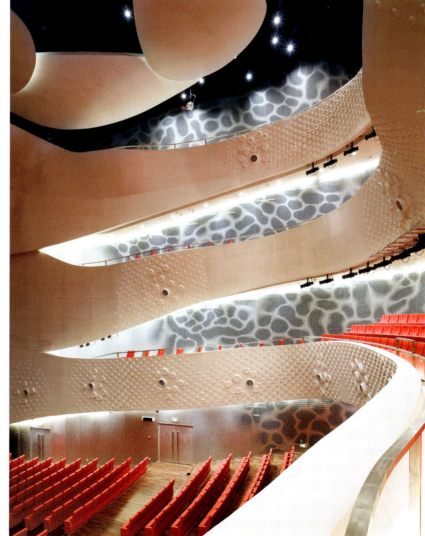

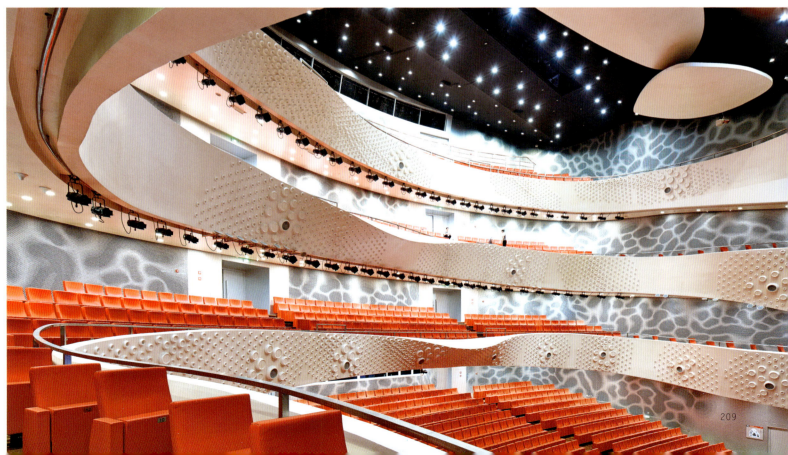

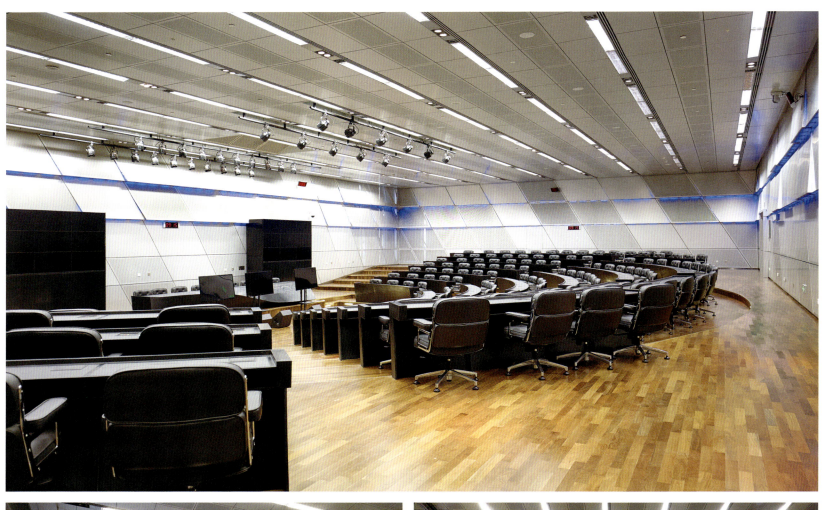

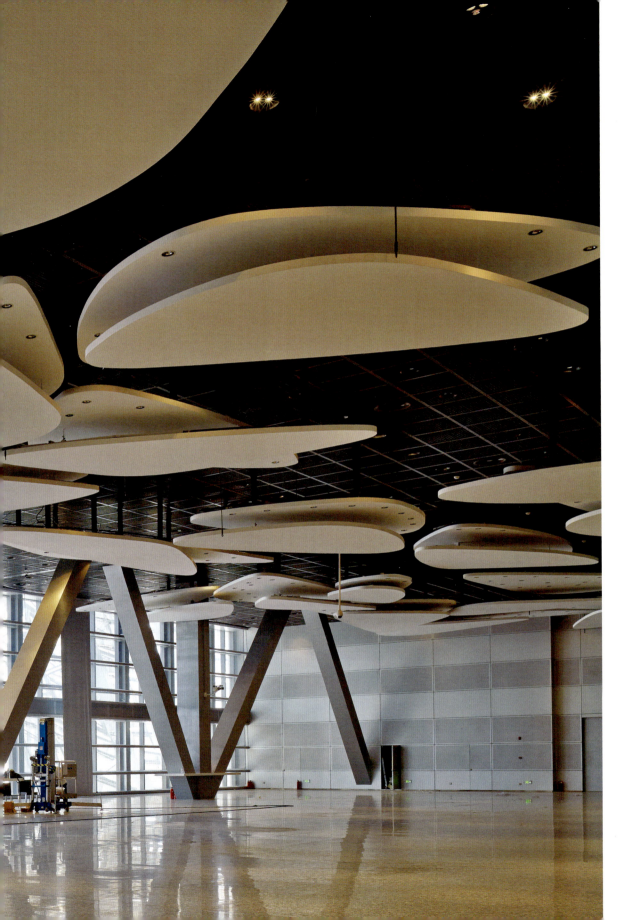

后记
Postscript

影像流动

01

2008 年 8 月 8 日与蓝天组期遇。

02

2008 年 9 月张世良院长带队协同业主考察天津夏季达沃斯现场 。

05

2009 年 3 月业主及中方建筑师在奥地利蓝天组工作考察。

06

2009 年 3 月 7 日大连国际会议中心结构试验立项专家论证会。

09

2009 年 7 月 8 日业主聘请国家级专家为工程把关。

10

2009 年 8 月结构封底仪式。

13

2009 年 9 月 21 日蓝天组创始人普瑞克斯大师亲临指导工作，理论讲学。

14

2009 年 9 月 21 日蓝天组创始人普瑞克斯大师亲临 C+Z 工作室交流指导。

17

2010 年 8 月 5 日达沃斯执行官第三次巡查现场。

18

2012 年 10 月 21 日德国 MBBM 声学测试现场。

03

2008 年 11 月 7 日奠基仪式。

04

2008 年 12 月中方派建筑师去奥地利蓝天组培训数字平台的建立。

07

2009 年 4 月 29 日舞台机械及灯光音响国家级专家评审会。

08

2009 年 5 月 7 日大连国际会议中心初步审查会。

11

2009 年 8 月 3 日消防性能化设计国家级专家评审会

12

2009 年 9 月 3 日姜峰设计公司参与室内施工图设计。

15

2010 年 3 月 5 日达沃斯执行官首次巡查工地。

16

2010 年 6 月 11 日达沃斯执行官第二次巡查现场工作。

19

2012 年 12 月 1 日建成竣工典礼。

20

2013 年 9 月 11 日大连夏季达沃斯论坛在新落成的大连国际会议中心如期举行。

蓝天组及配合团队
Coop-Himmelb(l)au and Workteam

Planning

COOP HIMMELB(L)AU

Wolf D. Prix & Partner ZT GmbH

Design Principal: Wolf D. Prix

Project Partner: Paul Kath (until 2010), Wolfgang Reicht

Project Architect: Wolfgang Reicht

Design Architect: Alexander Ott

Design Team: Quirin Krumbholz, Eva Wolf, Victoria Coaloa

Project Team: Nico Boyer, Liisi Salumaa, Anja Sorger, Vanessa Castro Vélez, Lei Feng, Reinhard Hacker, Jan Brosch, Veronika Janovska, Manfred Yuen, Matthias Niemeyer, Matt Kirkham, Peter Rose, Markus Wings, Ariane Marx, Wendy Fok, Reinhard Platzl, Debora Creel, Hui-Cheng, Jessie Chen, Simon Diesendruck, Yue Chen, Thomas Hindelang, Pola Dietrich, Moritz Keitel, Ian Robertson, Keigo Fukugaki, Gaspar Gonzalez Melero, Giacomo Tinari, Alice Gong, Francois Gandon

Model Building: Nam La-Chi, Paul Hoszowski, Taylor Clayton, Matthias Bornhofer, Katsyua Arai, Zhu Juankang, Lukas Allner, Phillip Reiner, Moritz Heinrath, Olivia Wimmer, Silja Wiener, Katrin Ertle, Maria Zagallo, Logan Yuen, André Nakonz, Arihan Senocak, Rashmi Jois, Sachin Thorat, Marc Werner

3D Visualization: Isochrom.com, Vienna; Jens Mehlan & Jörg Hugo, Vienna

Wolf D. Prix

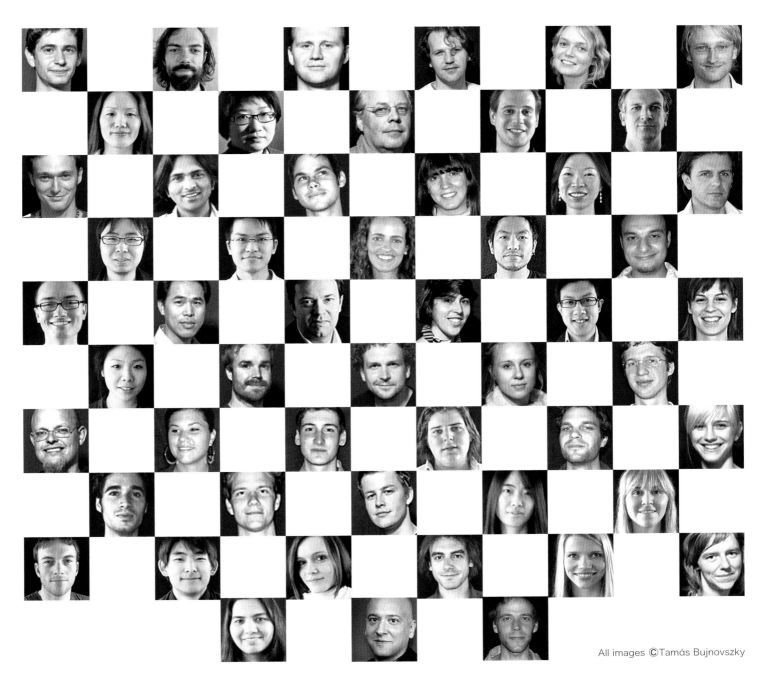

C+Z 建筑师工作室建筑师（曾用名：UDS 建筑师工作室）

C + Z Architects Studio Architect (Former Name:UD Architects Studio)

崔岩
Cui Yan

赵涛
Zhao Tao

于晶
Yu Jing

刘聪
Liu Cong

隋迪
Sui Di

孙常明
Sun Changming

于化龙
Yu Hualong

祁鹏远
Qi Pengyuan

激情的老总

激情飞扬的青年设计师
The Passionate Young Designer

五湖四海的合作伙伴
Partners from all Corners of the Country

建筑的使命
The Missions of Architecture

2013 年 9 月 11 日 — 9 月 13 日
夏季达沃斯论坛如期在大连国际会议中心召开

建筑的使命
The Missions of Architecture

会议中心项目后的设计
Designs after the Conference Center Project

↑ 大连国贸大厦 ｜ 设计时间：2010
竣工时间：2015

↑ 大连金石滩市民塔 ｜ 设计时间：2013
竣工时间：2014

↑ 盘锦"经典汇"商业街 ｜ 设计时间：2012
竣工时间：2014

↑ 大连远洋钻石湾 　　设计时间：2013

↑ 大连市甘井子区残疾人托养康复服务中心 　　设计时间：2013
竣工时间：2014

↓ 大连亿达第一郡小学幼儿园 　　设计时间：2013

结语

2013 盘点

现今时代是一个多元化的时代，世界环境大背景即是多元并存，中国的改革开放和经济的迅猛发展更凸显了中国建筑市场的多元化局面，纵观大连的城市历史发展百年，在城市步入近现代时期，其殖民的历史也呈现建筑多元化的特色，多元化的共同特点即是包容性，就大连国际会议中心项目而言，正面的声音和质疑的声音应该是并存的，并存的过程同时也是全社会各方面思考和验证的过程，而不但仅是建筑圈内，更深层次是文化的思考，我想只有时间的磨砺才会给出精准的评价和答案。

随着 2012 年 12 月 1 日大连国际会议中心的竣工，至 2013 年 9 月 11 日大连夏季达沃斯世界经济论坛的如期举行，萦绕着我们五年的紧张、争执、矛盾、冲突、急躁的情绪记忆都将淡去。

与蓝天组的缘遇和携手设计，零距离地亲历解构主义建筑作品从构思至实施建造的全过程，五年来的实践中我也反复思考蓝天组的困境和策略——他们同样始终充斥着对中国速度的真实体会和再认识的情绪波动，在感觉惊叹和刺激的同时，也伴随着不理解和被迫的适应市场，尽管此次设计和建造成就了奥地利建筑文化产品的引进和输入，其理念受到业主的欣赏和支持，但工作过程也难逃政府重点工程边设计、边施工建造的中国特色，然而境外建筑师的对应策略是依靠成熟的设计顾问团队、欧洲供货商体系的支持（很多产品先在欧洲寻找，再寻找同品牌的国内合资企业或驻中国代表处）、欧洲产品参数标准、实验室标准数据参数体系等成熟的社会设计资源体系，大大降低了设计完成度不高的风险。

整个设计的过程对 C+Z 工作室来说是一段不同寻常的特殊经历，其中的四年工作室没有创作作品，自有的设计体系被强大的外来体系影响并打破，尽管近二十年中国的建筑设计成长很快，不少优秀的中国建筑师也在国际上逐渐打开了局面，但国内的建筑设计水平和国际顶尖建筑事务所相比还有不小的差距，中国设计的崛起，必然要经过这样一个向国外一流同行学习和追赶的过程，在合作过程中寻找自身的差距和优势，每天在寻找差距和缩小差距中度日倒也快乐，记得 2010 年，当工作室的主创人员均感到设计瓶颈期的再现时，却发现自身的设计体系已错位——我们已不是原来的我们；经过两年多的停顿和自我寻找、文化寻找，渐渐恢复真我，因此 2012 并不意味世界末日的来临，而是新的开始。

　　2013 年最高兴的事：C+Z 建筑师工作室有大量时间可以重新投入设计创作——盘锦锦联"经典汇"商业街用参数化设计手段模拟自然聚落形态空间，聚落屋顶下隐喻着变幻的情趣空间和市井街巷肌理，再现北方院落空间区位；大连金石滩市民健身观光塔方案，用参数化技术模拟云的漂浮形态，将建筑师的设计构思——山、海、天、云在登顶那一时刻，共同围绕健身者的浪漫情景——给以更加精准的设计表达。这些创作项目中蕴涵久违的自我思考和人文、地域的再现表达，可见团队的设计交叉点始于 2013 年，也许这是新实践探寻的开始，同时是 C+Z 建筑师工作室激情重生的开始。

　　思考仍在继续。

　　实践仍在进行。

　　我们仍在路上。

Planning

COOP HIMMELB(L)AU

Wolf D. Prix & Partner ZT GmbH, Vienna, Austria

Local Partner:

DADRI Dalian Institute of Architecture Design and Research Co. LTD

C+Z Studio (Former Name: UD Studio), Dalian, P.R. China

J&A Interior Design, Shenzhen, P.R. China

Client: Dalian Municipal People's Government, P.R. China

Structural Engineering:

B+G Ingenieure, Bollinger Grohmann Schneider ZT-GmbH, Vienna, Austria

DADRI Dalian Institute of Architecture Design and Research Co. LTD, Dalian, P.R China

Acoustics: Müller-BBM, Planegg, Germany: Dr. Eckard Mommerz

Stage Design: BSEDI Beijing Special Engineering Design and Research Institute, Beijing, P.R. China

Lighting Design: a•g Licht, Wilfried Kramb, Bonn, Germany

Audio & Video: CRFTG Radio, Film and Television Design & Research Institute, Beijing, P.R. China

Climatic Design: Prof. Brian Cody, Berlin, Germany

HVAC, Sprinkler:

Reinhold A. Bacher, Vienna, Austria

DADRI Dalian Institute of Architecture Design and Research Co. LTD, Dalian, P.R. China

Façade : Meinhardt Facade Technology Ltd. Beijing Branch Office, Beijing, P.R. China

Photovoltaic: Baumgartner GmbH, Kippenheim, Germany

General Contractor: China Construction Eight Engineering Division, Dalian, P.R. China

Photographer: Yang Chaoying